松露之书

跨越千年的传奇

【美】谭荣辉（Ken Hom），【法】皮埃尔一让·珀贝尔（Pierre-Jean Pébeyre）著　何越 译

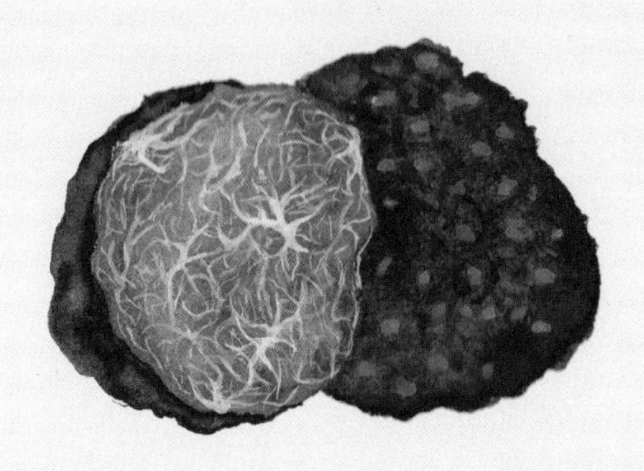

上海交通大學出版社
SHANGHAI JIAO TONG UNIVERSITY PRESS

内容提要

本书生动展现了松露的前世今生，并结合专营松露的珀贝尔家族的发展史展现了松露在饮食文化中的历史变迁，同时也为读者提供了一些极具实操性的松露菜谱。前三章介绍了松露的历史渊源、主要产区、松露市场、松露文化、松露的培植等内容，后两章是松露的西式和融合式菜谱。本书旨在对大众进行松露知识的普及，让大众对于松露有更深刻的认识。

图书在版编目（CIP）数据

松露之书：跨越千年的传奇/（美）谭荣辉（Ken Hom），（法）皮埃尔-让・珀贝尔著；何越译. —上海：上海交通大学出版社，2023.1

ISBN 978-7-313-27630-8

Ⅰ.①松… Ⅱ.①谭… ②皮… ③何… Ⅲ.①块菌属-食用菌类-基本知识 Ⅳ.①S646

中国版本图书馆CIP数据核字（2022）第185791号

松露之书——跨越千年的传奇
SONGLU ZHI SHU——KUAYUE QIANNIAN DE CHUANQI

著　　者：【美】谭荣辉　【法】皮埃尔-让・珀贝尔
译　　者：何　越
出版发行：上海交通大学出版社
地　　址：上海市番禺路951号
邮政编码：200030
电　　话：021-64071208
印　　制：苏州市越洋印刷有限公司
经　　销：全国新华书店
开　　本：710mm×1000mm　1/16
印　　张：10
字　　数：134千字
版　　次：2023年1月第1版
印　　次：2023年1月第1次印刷
书　　号：ISBN　978-7-313-27630-8
定　　价：98.00元

前言

第一次邂逅法国烹饪是近五十年前，我对法国的土地、文化，尤其是璀璨迷人的法式烹饪一见钟情、一口爱上。我尽情徜徉于大小城镇里多姿多彩的法国集市以及餐馆，其中最令我难忘并强烈激发了我的想象力的，是松露。自从我知道并接触到了佩里格的黑松露，便开始不断尝试松露相关的料理，这令所有美食爱好者嫉妒有加。

罐装黑松露

当时的我还读遍了所有与这种神秘真菌相关的资料，时常映入眼帘的一个名字是阿兰・珀贝尔，他出现在各大美食杂志与文章中，相关报道让人感觉他与松露似乎已浑然一体，这让我很期盼有一天能与他相遇。20 世纪 80 年代中叶，我时常去香港半岛酒店，当时的餐饮经理埃里克介绍我认识了一位法国人雅克，而他的父亲正是阿兰・珀贝尔！因为这一机缘，我和雅克很快成为好朋友。雅克的儿子皮埃尔（此书的另一作者）则成为我一生的好兄弟。而与珀贝尔这一松露家族的交往，也让我得以有更多机会学习烹调这种珍贵食材相关的料理。

与珀贝尔家族结识至今已有数十年，而我亦已对松露的精华及魅力有了深入的理解。无论是放眼历史还是聚焦当下，皮埃尔对于松露的了解之深之广都令人惊叹，但更令人赞叹的是他对松露的热爱与激情，这也激发了我的热情，希望将他渊博的松露知识与更多人分享，于是有了这本书。

在本书中，皮埃尔与我将为您带来一些法国烹饪中简单而美味的松露料理，我也将在这些料理的烹饪中融入我的中餐背景。你或许会疑惑，这是否是正宗的法餐？我的回答是："这是中西合璧的料理，是东方与西方的交汇。这亦是我与皮埃尔一辈子友情的真谛所在。"

谭荣辉

皮埃尔-让·珀贝尔（左）
与谭荣辉（右）

目录

TAGLIATELLES
AUX TRUFFES
Truffes
PEBEYRE

1 认识松露

皮埃尔-让·珀贝尔

松露悖论

至今松露仍带着迷幻色彩。稀有、高贵与奇香使松露在美食江湖中拥有了特别的地位，而其神秘性至今仍未完全得到解答。无论追寻其历史还是传说，无论是从植物学还是美食角度入手，松露研究界的共识是——这是一种充满矛盾的真菌。古往今来，科学家、作家、真菌学家以及诗人千方百计想去探求松露的真谛，可从未达成共识。或者说，能够达成的共识只有一点：松露是让人无法达成共识的稀有品。

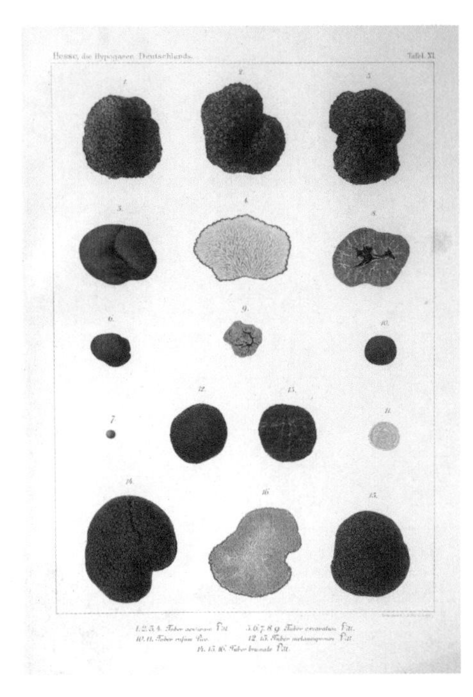

德国植物学家黑塞在其1891出版的图书中描绘了不同种类的松露。

如何定义松露？没有共识。什么是松露？亦无共识。无论从哪个角度切入，它都是个奇怪的产物——虽然被牵强地列为真菌种群，但又可以从属于植被王国。论文与字典里对其的定义更是五花八门——“这是个异常美味，并具有奇香的植物”“一类未名的真菌”“无根无茎的真菌”。还有字典干脆定义其为“奇特的块茎”。

1836 年，穆瓦尼埃（Moynier）在《松露之旅》（*Traite de la truffe*）中写道：“多年来，我们一直想知道，松露到底应该被列为植物，还是矿物？”

松露果园

寻找一天后收获一篮黑松露

无论如何，学者们最后终于宣称他们倾向于将松露列入植被王国，理由是：松露经历降生、生长以及死亡，所以应该能够被列入植物王国。

而从科学的角度观察，这样的分类无法服众。因为松露虽有其生命周期，但其生存却不需要光，亦不需要氧气，而是像矿石一般，完全在地底下生长。而且，它是黑色的——外观完全是黑的，内部除了纵横交错的白色脉络，亦是黑的。这是一种非典型的活植物。若论生长季节，它也与其他植被不同。松露只能在最寒冷的冬天生长，而当其他植被开始繁茂，它却进入了衰老期。这与真正的菌类非常不同，菌类往往喜欢凉湿的秋季或是迷雾重重的春天。

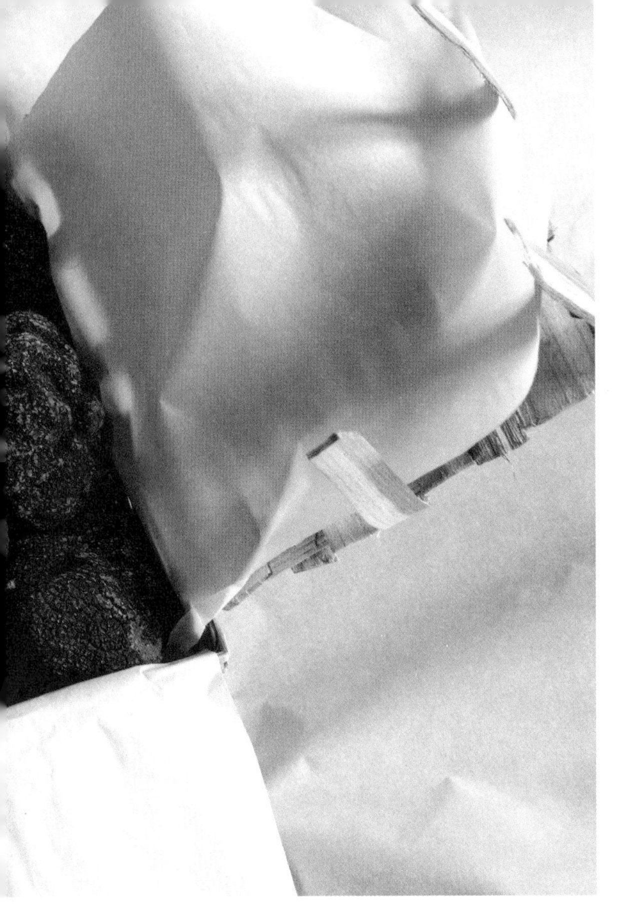

黑松露

松露：迷幻还是真实

你也许会说："太神奇了，从来没听说过松露短缺的情况。黑松露和其他松露，本身就是一个传奇，它们甚至还有自己的守护神圣安东尼。每年还会在法国里什朗什举办'松露礼拜'。这些传统一定是从中世纪时就有的吧？"其实并非如此。"松露礼拜"只有几十年的历史。当时，让-马里·法拉耶（Jean-Marie Valayer）和雷蒙德·米尔（Raymond Mure）两位松露经纪人萌生了一个主意，在周六集市上，从每个袋子里收集两三个松露，放

黑松露

入鞋盒，交给策展人做松露主题的礼拜。这么做的初衷是以一种优雅的方式振兴教区，这种尝试后来被证明是成功的。自从这一“松露礼拜”固定为一年一度后，便开始逐渐流行。每到“松露礼拜”日，就会有大量参与者，人数多到里什朗什的居民都无法正常做宗教祈祷了。

松露的民俗化现象透过“松露礼拜”的火热可见一斑。这种民俗化也让松露供不应求，但是别忘了，它是一种昂贵而神秘的珍品，因此即便没有民俗化，它的实际供应也显得十分有限。松露的这种民俗化令我想起城镇外超市里的假家具，那些仿制家具由风化不良的胡桃木或颜色太深的樱桃木制成，完全没有乡村家具该有的令人愉悦的不对称感。松露的世界亦

松露云吞

如是，存在两面性：一面是虚拟的，一面是真实的，两者同时存在。事实上，松露的合理性无须被证明，无须被传奇化。那些将其传奇化的并非松露行家，而是一些爱好者，他们假借松露之名，影响着媒体大众。这些集中在上流社会、宣扬着松露文化的爱好者所发出的恰是最嘈杂的声音。

松露的未来

过去半个世纪以来，松露的产量急速下滑，而且有灭绝的风险，但专业人士以及公共权威尚未对此问题给予应有的关注。这就正如威尼斯的贡多拉陷入泥潭，无法正常行船，而所有人都只是看客，那些表面上看很痴迷的松露热爱人士从未给予此问题认真的关注，亦未认真地为此寻找解决办法。在他们的认知中，松露的未来甚至还未被纳入考量范围。如果有一天，松露真的消失了，也许我们会做一本纪念性质的百科全书来怀念松露曾经的存在，与此同时，松露贸易还能够支撑一段时间。而当下，如果我们不为其未来考虑，这个珍稀物种终将逐渐走向灭绝。

松露不是禅，亦不是依靠在天鹅绒枕头上的神物。无论多么无与伦比，无论如何奇异珍贵，它仍旧被定义为一种植物，一种食材。只是因为，松露在历史上一直被视为法国经典烹饪，一些人就开始杜撰其历史，无中生有地将松露夸得神乎其神。现在，最大的松露消费力量已经不再是法国，因此，是时候展开一些探索与创造了，让松露丰富的烹饪技法得以匹配现代社会的脚步。

谭荣辉就是这样一位松露的烹饪行家。作为环游世界的美食家、名厨与作家，他将自己的经验、热情与知识投入松露料理中，丰富了松露的烹饪菜谱，令人耳目一新。他博大精通的东方烹饪底蕴，在展示松露的贵族气质的同时，和谐地承接了地气。在法国定居数十年后，他本人早就是位松露高手。在这本书后半部分将呈现他对于松露烹饪的摸索：以追求和谐之美的最高准则，结合法国与中国的智慧，融合了中国烹饪与法国家庭传统烹饪法，将美味与传统的平衡展露无遗。

在此，我诚挚邀请各位美食行家、大厨、松露的发烧友，尤其是追求舌尖每日一新的“美食家”们，在这本书中觅到中法烹饪文化融合的和谐之美。

未解的松露之谜

松露是橡树、松树、榛木以及鹅耳枥属树等树种的树根与蘑菇菌丝体的结合物。松露的蘑菇菌丝体为这些树提供了矿物质，这提高了树木吸收养分的能力；同时，因为光合作用，树木又为松露提供了碳物质。这是一种互惠互利的交换关系，也有人认为这是寄生关系。

树木与松露菌根是通过根部构造里的菌丝结合的，这种连结并非直接关系。基于松露是自主个体，光凭树木是无法制造出松露的。松露菌根必须在特定的土壤与气候下生长，通常来说，其生长的理想环境是：透气、黏土石灰岩的土质、pH 值介于 7.5 至 8 之间；气候必须适中，冬天需要是寒冷的，春天需要是温暖湿润的，夏天的暴雨也必不可少。

埋在地底下、刚被松露猎人发现的黑松露

正是以上这些苛刻的生长条件造就了松露的珍稀。目前，就欧洲而言，只有地中海北部地区适合它们生长。普罗旺斯有深远的松露传统，尤其是在松露的繁殖与商业化方面，因为在19世纪，当地曾大力开展种植和重新造林工作，其中较为突出的有马丁·拉威尔和卢梭，他们全神贯注于松露的培育，与之相匹配，大量松露交易屋也应运而生。

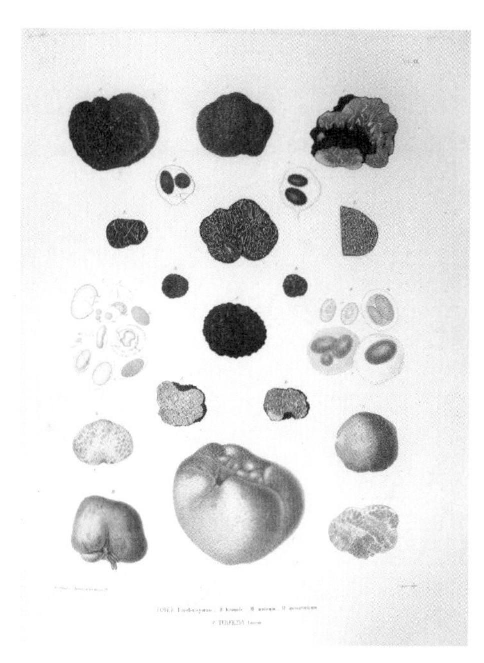

图拉斯内兄弟于1851年出版的关于地下真菌的书中的一页

最大的松露交易市场位于普罗旺斯地区的卡庞特拉和蒙塔尼亚克，但与之形成反差，松露很难进入普罗旺斯菜系，普罗旺斯地区也很少有食谱会用到松露。这也许是因为普罗旺斯地区的食谱因适应海洋气候，大量使用橄榄，而橄榄的味道不仅不能辅助松露，反而会与之产生冲撞。而法国西南部的菜系与东南部的菜系就有很大不同，尤其是在法国西南部的佩里格地区，那里有悠久的黑松露烹饪传统，而且这一黑松露餐饮文化还推动了周边产品的销售，如黑松露鹅肝酱和烤黑松露肥鸡等。

黑松露与佩里格地区餐饮文化有如此紧密的关系，这也解释了我们为什么将“佩里格黑松露”作为黑松露的代名词。

来自法国与其他地区的松露

松露产地

在欧洲，松露只在三个国家生长：

（1）法国，横跨地块南缘中部，主要集中在两个地区：西南部（洛特省和多尔多涅省）和东南部（罗纳河谷）瓦朗斯以南，特别是在德龙省、沃克吕兹省、加尔省和上普罗旺斯阿尔卑斯省。

（2）西班牙，产地在卡拉尼亚（Calania），特鲁埃尔及莫雷拉周边、瓦伦西亚和马德里之间相当大的一片区域，瓜达拉哈拉省地区。

（3）意大利，产地在皮埃蒙特，包括马尔凯姆、翁布里亚和阿布鲁佐半岛在内的中部地区。

除了以上这些欧洲传统产区，南半球的澳大利亚也开始出现松露，但这些松露不是野生的，而是人工种植的。新西兰研究人员雅恩·霍尔（Yann Hall）曾试图生产黑松露，到 20 世纪 80 年代初，他获得了第一个块茎。这一培育实验最初在塔斯马尼亚进行，后来扩展到澳大利亚其他地方。现在，在悉尼和墨尔本周边地区，尤其是珀斯以南，出现了很多黑松露种植园。这项引进工程得益于真菌学家尼克·马拉杰克（Nick Malajuck），是他孕育了这个高效的松露培植果园项目。澳大利亚出品的黑松露质量可与欧洲出品媲美，同时还具备一大优势——它的出现使得黑松露出产不再受季节影响，四

西班牙莫雷拉地区地处松露产区中心

季常有。如此，无论是在南半球还是北半球，冬季或是夏季，人们都可以享受到新鲜黑松露了。

最近，智利也开始对种植松露产生兴趣。尽管当下，那里的松露果园还不成气候，但相信未来智利的产量应该可以与澳大利亚相媲美。

一批新的松露生产国的出现昭示着一场真正的革命。它们的出现，也为以欧洲为代表的古老的松露文化，带来了新的生气。

不同种类的松露

佩里格黑松露成熟后，看起来是不规则、形状不一的块茎，大小不一，结构坚固，覆盖着被称为包被（peridium）的粒状皮肤。黑孢块茎上的包被覆盖着小而黑的多边形“菱形”肿块。这种松露，内部密实，呈深灰色或黑色，白而细密的脉络纵横交错。松露成熟后，它的静脉变得更细并逐渐消失，质地亦逐渐软化，整个松露散发出强烈的芳香。黑松露在春季开始生长，需要七到十个月才能完全成熟。影响其生长的主要因素是冬天的霜冻、冬季反常高温和夏季干旱。收获后，松露可以在泥土或沙床上保持长达两周的新鲜期。

另有一种冬松露（Tuber brumale），产量比黑松露小得多。尽管它的产

刚清洗过的黑松露

量在增长，但年产量仅有佩里格黑松露的 10% ～ 12%。

这两种类型的松露在大小、形状和颜色上非常相似；它们在相同的条件下生长，在一年中的同一时间收获，但冬松露内的静脉更厚更宽。此外，受到摩擦时，冬松露的表层比较容易脱落，这令它外表略显苍白。此外，它的香气也不如佩里格黑松露那么强烈。

意大利是著名的皮埃蒙特白松露（Tuber magnatum）产地。这种松露的外观和手感与其他类型松露都非常不同：它的表皮光滑且苍白，显浅棕色。新鲜时，它们会散发出刚洗过的黑松露的气味，一种非常强烈的奇异香气。但

法国卡庞特拉的阿方斯·佩库尔松露屋的松露产品标签

一旦被煮熟，香味又会完全消失。因此，生吃、磨碎或切碎是这种白松露最好的食用方式。皮埃蒙特白松露通常生长在杨树脚下、溪流附近和沟渠的底部。它们在湿润的秋天成熟，是非常优质的松露，其价格高达黑松露的三倍。但需要注意的是，它们与普通的白色夏季松露截然不同，不能混为一谈。从商业市场角度而言，皮埃蒙特白松露在国际上比黑松露更畅销，这一品种在较富裕的国家比黑松露更为人所知。例如，在美国，当人们谈论“松露”时，指的大多是“白松露”。

中国也出产松露，这是人们最近才发现的。中国产松露的植物学名称是

Tuber indicum，此名称源于印度文化，因为第一批中国产松露是在喜马拉雅山东北部被发现的，1892 年，库克和马西（Massie）首先对这一品种进行了描述和命名，仅仅一个世纪之后的 1994 年，日本和法国的蘑菇种植者在川南和云南北部重新发现了这种松露。这种中国松露类似于它的欧洲黑松露姊妹，但味道或芳香强度都不如后者。当然，这种真菌价格也更实惠，因此是很棒的烹饪食材。

中国松露的具体产地不同，质量也相应有所差异。最好的品种产自云南香格里拉，其产品独家出口至欧洲、日本和美国，近年来在中国本土也开始流行。根据蒂拉纳兄弟在 1851 年出版的一本专门介绍地下真菌的书，松露的收获方式各有不同。在欧洲，有 20 种松露的采挖收获需要依赖动物嗅觉，而中国松露生长在海拔 2 000 ～ 3 000 米，人们靠用手在灌木下随机挖掘来收获这种松露，当然，这样的收获方式从一定程度上是具有破坏性的。

夏季松露（Tuber aestivum）主要产于意大利，法国和西班牙也有少量出产。但它其实不算真正的“松露”，只能作为“白色夏季松露”出售。尽管夏季松露是在夏季收获，但它的生长条件却与佩里格黑松露相仿。虽然这种松露从大小到颜色都与黑松露相似，内在颜色却是黄色的，且味道平淡，与黑松露的内在颜色与奇香截然不同。孢子显微镜检查表明，两个品种之间的差异非常明显。

人们一次次试图“挖掘”新品种的松露，名称则往往根据其生长的地区命名，如“默兹松露”和“勃艮第松露”，它们都具有棕色的肉与浓密的白色纹理。实际上，默兹松露是一种肠系膜块茎，而勃艮第松露是一种钩块茎，即夏季松露块茎的一个变种。适宜松露生长的地区通常比较干燥，且是未开垦的土地，土壤 pH 值须介于 7.5 和 8 之间，质地为石灰岩或沙质。相对而言，来自沙质土壤的松露的形状会比其他土壤出产的松露更规则。

松露简史

重新发现松露

早在古罗马时代，人们就开始食用松露。但他们那个时代的松露与我们时代的松露可不是一回事。古罗马时代的松露被称作“铁菲兹（terfez）”，是从地中海沿岸不同地区，尤其是利比亚，进口的松露。这些松露块茎呈浅棕色，本身并没有什么味道，但却像海绵一样，很好地吸收了所烹调菜肴的味道。值得一提的是，在北非，特别是在犹太菜中，它们至今仍然以这种方式入菜。

如今，罗马人可能已经在他们早已征服的山外高卢和翁布里亚地区发现了黑松露，他们甚至可能对皮埃蒙特的白松露更感兴趣，毕竟这些松露在他们的脚下即可找到。但是，他们

19 世纪晚期的印刷物描绘了女人们用手清洗松露的场景

却更青睐“铁菲兹”。罗马料理是偏重口味的，他们最喜欢的调味品 Garum 是一种发酵的鱼酱，有点像越南的 Noucmam 和其他一些亚洲鱼酱。在阿比修斯流传着一个 Garum 的食谱，用来搭配加酒的松露，其中包括：胡椒、香菜、芫荽、芸香、甘露、蜂蜜、酒和少量的油。事实上，罗马人喜欢大量使用香料。因此在他们的料理中，松露真正的味道是无法显现出来的，在这种情况下，松露就无法享有它应有的地位。

松露在中世纪的处境也差不多。中世纪是香料的时代，腌制食品、大蒜调味品、凤尾鱼、烤面包、大量肉桂、肉豆蔻、胡椒、丁香、藏红花及鼠尾草、薄荷、牛膝草、芸香之类的气味强烈的草药……这个时代充满了强烈的、令人难以抗拒的味道。但松露并不适合与其他强烈的味道搭配。要欣赏它，你需要使它免于与其他气味“争奇斗艳”的局面，给它一些空间。

因此，松露与中世纪的菜肴并不太搭，而尽管在中世纪的节日菜肴中几乎都不会使用松露，它还是被人们所熟知。人文主义农学家奥利维尔·德·塞雷斯曾将当时来自美洲的“新蔬菜”马铃薯描述为“松露”。而事实上，在欧洲，马铃薯的通用名称经常与这种真菌的名称相混淆。

从 16 世纪起，法国的美食风向开始发生改变。渐渐地，重口味的调味被摒弃了，取而代之的是更新鲜的食材、蔬菜、色拉、更精细的烹饪和更少的调味品。使用东方香料的烹饪渐渐让位于以当地香料（包括松露在内）调味的文艺复兴时期美食，到这时，终于轮到松露大放异彩了。

直至 17 世纪，松露终于正式步入了欧洲美食版图。而随着香料使用不再那么流行，松露则越来越多地出现在烹饪中。

松露的黄金时代

到了 17—18 世纪，黑松露在烹饪中渐渐获得一席之地。虽然在此之前，农民就会食用黑松露，但正是在这一时期，松露开始越来越频繁地出现在富人的菜单上。与此同时，松露的储存和运输问题出现了，因为新鲜的松露只能保存数天。松露贸易由此发展起来，在巴黎和里昂都成立了松露贸易公司，为松露经纪人提供服务。松露经纪人到产区购买松露，将其包装在盐水桶中，再运送到大型的消费中心。不用说，在此过程中，松露的质量也会受到极大影响。

一直到 19 世纪初，这种贸易都是通过里昂的商人展开的。每年 11 月至次年 4 月，他们在巴黎过冬，销售他们的商品，在松露贸易一块可以说是享有准垄断地位。他们每天从多菲内和普罗旺斯经里昂运送松露，并在里昂对松露进行包装。在离开巴黎之前，他们出售当季最后的、保存在油或猪油中的、从里昂运来的十至一百公斤的桶装松露。这一波生意做完后，他们就歇业，直到下一个冬天。

弗朗索瓦·阿佩尔发明的“罐头”消毒工艺（法语为appertisation）以及铁路的出现，从根本上改变了松露的市场状况。虽然松露在烹饪方面的声望在18世纪就已达到了顶峰，但19世纪才是松露真正的黄金时代，是松露生产和消费最旺盛的时代：罐头使松露能够得到很好保存，而不会破坏其味道；铁

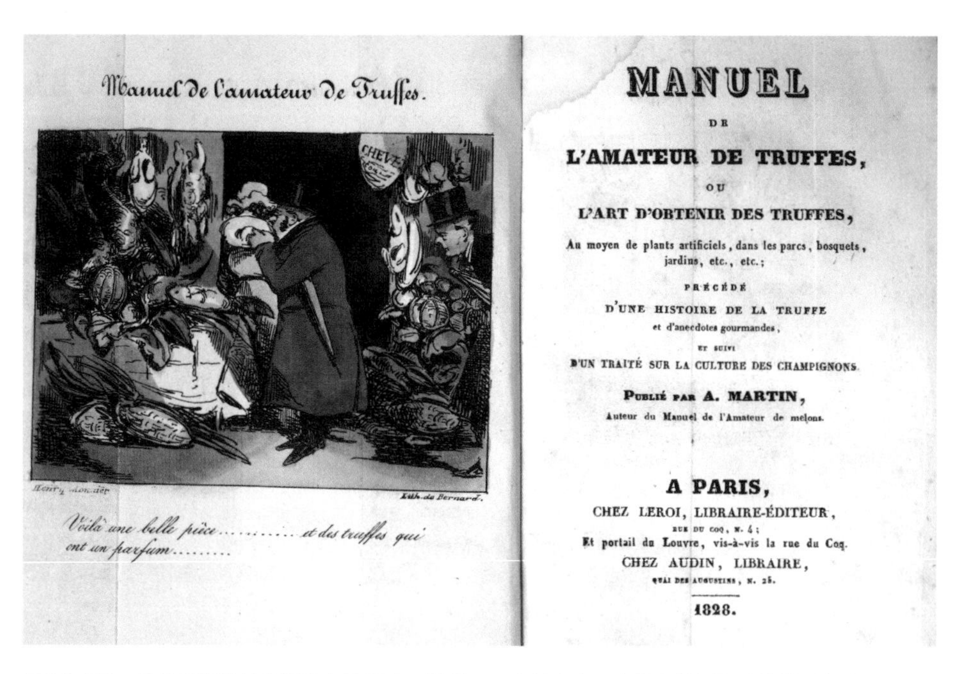

Manuel de l'amateur de Truffes.

Lith. de Bernard.

Voilà une belle pièce.......... et des truffes qui ont un parfum.........

MANUEL
DE
L'AMATEUR DE TRUFFES,
OU
L'ART D'OBTENIR DES TRUFFES,
Au moyen de plants artificiels, dans les parcs, bosquets, jardins, etc., etc.;
PRÉCÉDÉ
D'UNE HISTOIRE DE LA TRUFFE
et d'anecdotes gourmandes,
ET SUIVI
D'UN TRAITÉ SUR LA CULTURE DES CHAMPIGNONS
PUBLIÉ PAR A. MARTIN,
Auteur du Manuel de l'Amateur de melons.

A PARIS,
CHEZ LEROI, LIBRAIRE-ÉDITEUR,
RUE DU COQ, N. 4;
Et portail du Louvre, vis-à-vis la rue du Coq.
CHEZ AUDIN, LIBRAIRE,
QUAI DES AUGUSTINS, N. 25.
1828.

1828年的一份松露相关的出版物中的图片，描绘了一个美食家正在检查松露肥鸡的松露气味。

路大大减少了运输时间，保证了其定期供应和最佳新鲜度。

“松露贸易方面，佩里格地区的企业与多菲内-普罗旺斯地区的企业相比，就像侏儒之于巨人一样”，莫瓦尼埃（Moynier）在1836年曾这样写道。而他一定想不到的是，在此之后，因为技术的进步，从前因里昂人在松露经纪人领域的垄断地位而处于不利地位的佩里格和凯尔西地区得以发展并最大限度地发挥其潜力。在当地，专业的松露交易屋也应运而生。

与此同时，在整个法国，松露进入了餐馆和高级熟食店。大盘的松露作为一种重要的装饰，被列在斯特拉斯堡的鹅肝酱和优质葡萄酒之间。所有地区的美食家，特别是巴黎美食家，都对它们赞不绝口，并开始在他们的菜肴中大量使用松露。那时候，烹饪书和女性报刊上的食谱都以“吃两磅上好的松露”作为开头。文学界的美食家们，如菲尔贝·迪蒙泰伊（Fulbert-Dumonteil），还为松露写下了颂歌和几页读起来有些自命不凡但却令人愉快的抒情诗。这就是松露的黄金时代。

法国苏亚克地区附近的风光

2 法国四代松露家族

皮埃尔-让·珀贝尔

祖先的勇气

皮埃尔 · 珀贝尔公司的诞生

1897 年，皮埃尔 · 珀贝尔创立了他的企业——珀贝尔之家（Maison Pebeyre）。在此之前，他曾是一名校长，松露一直是他的喜好。在课堂上，他的思绪常会飘向松露果园，于是他放弃了学校的事业，全身心地投入松露生意中。在专业机构学习了相关手艺后，他决定在家乡创业。最终，他在洛特地区北部的小村庄拉沙佩尔-马勒伊自立门户。

起初，除了新鲜的松露，皮埃尔-珀贝尔还出售各种“小产品”，即周边农村的特产，如：牛肝菌、核桃、芦笋。在一众产品中，鹅肝销路最好，特别是鹅肝加松露的组合。

后来，随着罐头加工工艺的普及，产品得以稳定供货，皮埃尔-珀贝尔的公司也因此不再受产品保鲜期的限制，开始定期销售产品，这些定期销售的产品中也包括松露。松露是用手分拣的，然后在厚玻璃锥形瓶中进行消毒，并用瓶塞和金属丝密封。这样的工艺很好地解决了原先贮存和运输的困难，“珀贝尔之家”也得以将重点放到松露品质上。

皮埃尔开始做松露贸易时，松露的生产已经达到顶峰。虽然松露在当时已是一种特殊的食物，但还算不上奢侈品，富人也不是唯一的松露消费群体。当时法国平均每年产 800 吨松露，这个产量是相当高的。

彼时，佩里格地区的产量已经开始下降，但凯尔西和法国东南部地区的产量仍然很高。在洛特地区，只有马勒伊的年产量能达到百吨。当时，人们通常在野生松露果园采集块茎。未开垦的土地也没有闲置，伐木工人和牧羊人忙碌

有时，要阻止猪吃掉它发现的松露可不简单（图片选自 19 世纪晚期的印刷物）

于树林和灌木丛，伐木工人清除植被覆盖物，牧羊人的羊群则负责为土壤除草，这样可以为松露生长提供更丰富的有机物质，照料松露也是牧羊人的工作之一。总之，大家的一切努力，都是为了给野生松露的生长创造良好条件。

此外，在当时，农村的人口仍然很多，为了生存，采摘浆果和蘑菇是非常普遍的。人们往往没有什么空闲思考人生，而是全家出动，子女和祖母也不例

图中所示为一张 19 世纪晚期的明信片，描绘了佩里格一家工厂里人们处理松露的场景

外，大家或是收集枯木，或是爬树采摘，或是挖土……同时还要照顾牛、羊、鹅之类的家禽牲畜。家中的每个成员在劳动之后都会带一些东西回家，栗子、麦芽糖、榛子或是装在围裙里的牛肝菌和松露。可以说，村子里每个人几乎都是松露采集者，他们各有各的妙招，会以某些指标作为参考，如苍蝇的飞行、树周围一圈干枯的草等。

皮埃尔·珀贝尔一般从凯尔西和佩里格的小城镇（如马特尔、古尔东、萨尔拉）的当地市场购买松露，那里地处一大松露生产地区的中心地带。他还从法国东南部购买松露，特别是从经纪人马丁先生那里。在皮埃尔-珀贝尔的要求下，后者把自己的一个年轻侄子介绍给他，负责做市场的工作。这个侄子就是让-马里·瓦莱尔，他后来创建了法国最大的松露经纪公司，至今公司仍由他的后代经营。

丰收的季节

19 世纪下半叶，松露在法国大量涌现，主要是由于两种自然灾害——1868 年至 1872 年间肆虐葡萄园的根瘤蚜虫病，以及洪水。

在根瘤蚜虫病袭击法国葡萄园之前，葡萄种植者经常为防止野生松露侵入他们的葡萄园而进行斗争。然而，在根瘤蚜虫病流行之后，葡萄树不得不被连

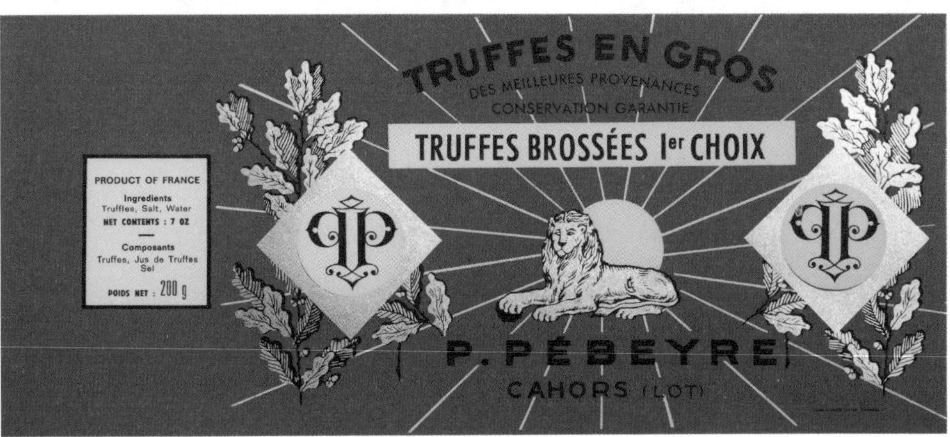

“珀贝尔之家”的松露产品包装及商标

根拔掉。迫于这一现实，曾经的葡萄种植者只得种植橡树以替代失去的葡萄树，这为松露提供了最佳的生长机遇。

也是在同一时期，法国东南部遭遇了洪水。灾难性的洪水过后，巴罗尼、下阿尔卑斯和文图山地区开展了大规模的植树造林运动，种上了成千上万棵橡树，以防止土壤被洪水冲走。

这批因根瘤蚜虫病和洪水而得以种下的橡树开始渐渐产出松露。到 20 世纪初，最后一棵松树也开始产出松露。大量橡树的种植对松露的增产效果显著，使巴罗尼、下阿尔卑斯和文图山地区的松露可与佩里格和凯尔西的松露产量相媲美。

值得一提的是，在这个时候，农村人口仍然很多，劳动力方面没有问题，松露传统仍然兴旺。这些加在一起可视作松露丰收的“天时，地利，人和”。

阿兰·珀贝尔在卡奥尔重新出发

皮埃尔·珀贝尔虽然对贸易充满热情，但并没有很大野心，他更多将希望寄托于儿子阿兰身上，还将他送到瑞士去学习商科。

第一次世界大战结束后，阿兰服完兵役，成为珀贝尔家族企业的负责人，

20 世纪 60 年代运往美国的一罐松露上的标签

他要完成自己的使命：扩大公司的规模。

战争是松露生产的第一个突破口。被榨干的农村迫切需要养活人口，因而农民们集中精力种植粮食作物，不太重要的作物自然被搁置在一边。19 世纪末种植的橡树必须被替换，但当时更新工作只完成了一部分。虽然，当时收获的松露数量仍然很大，但较之前已经开始下降，这也导致了松露的价值以及人们对该产品的兴趣不断增加。

阿兰对这一演变充满信心，选择致力于松露销售，并因此放弃了鹅肝和牛肝菌销售。从此以后，“珀贝尔”这个名字就完全与松露联系起来了。阿兰的这一决定与他父亲的商业策略不同，也与他的竞争对手不同，后者坚持扩大产品范围。而阿兰通过专注于松露，确保了珀贝尔的声誉，使公司成为松露领域内的标杆。

到了 1920 年，公司从原来的小村庄搬迁到了卡奥尔的中心，卡奥尔是洛特省的中心城市，那里拥有对于贸易而言堪称理想的基础设施，具备电话等现代通信条件，这对于接收和发出订单是必不可少的，而附近的邮局和车站为快速和安全地运送松露提供了便捷。

那一时期，虽然多尔多涅和洛特地区的松露产量下降，但卡奥尔地区的松露长势仍然强劲。不过，因为松露的供应源更为多样，有来自法国东南部的，也有来自法国西南部的，还有从意大利进口的，企业不再需要像三十年前那样设在松露产区的中心。珀贝尔公司有一个有组织的经纪人网络，公司采购人员会随时了解每个市场的情况。

跨大西洋时代

长期以来，松露一直被保留在欧洲餐桌上。不同的是，松露变得更为大众化了，客户群也扩大到了肉食行业的公司。许多欧洲当地的小型肉食店将松露的味道传播给了广大消费者。比如，阿尔萨斯的鹅肝酱店就大量使用松露，在他们看来，没有松露的鹅肝酱是不可想象的。搭配鹅肝酱时，大多数情况下，会将松露去皮，因为带皮的松露意味着与之融为一体的鹅肝酱不能用勺子食用，这种做法早已成为当地的传统风俗。

除了向肉食店扩张，松露还将触角伸到了海上。航运的发达让人们有了更多机会航行，而为了让乘客在漫长海上旅程中免于无聊，在船上享用法国高级美食的做法开始流行，松露是其中最奢侈的美食。抵达目的地后，旅客们往往会出于好奇而去寻找他们在旅途中所享受到的美食，如松露。美国的松露消费之所以发展起来，跨大西洋公司在其中发挥了重要作用，可以说，是他们将这种食物带去了美洲。

在卡奥尔，阿兰从中嗅到了商机，他安排了一条瞄准北美市场的强大业务线。同时阿兰还在其他航行目的地开展了业务，其中西班牙的业务尤为突出。

那时还不存在“时间就是金钱”的说法。阿兰每次去巴黎出差，都会毫不犹豫地抽出晚上的时间去看戏剧和歌剧。那时没有电话或专业的视频会议设备，横跨欧洲的火车旅行需要好几天时间。

而在卡奥尔的工厂里，工艺已有了很大变化。虽然新鲜松露的分拣工作没有变化，但它们的准备和包装已实现机械化。手工刷洗给生产带来了很大问题，因此珀贝尔公司放弃了手工刷洗，改用专门为清洗松露而设计的机器。玻璃瓶和蒸馏器也不再使用，取而代之的是不锈钢罐，其密封性更强，可以在更高的温度下浸泡烹饪。罐子的消毒在高压灭菌器中完成。而大型储存容器仍然用锡焊密封。

随着市场对去皮松露的需求越来越大，更多的工作需要在工厂外的家庭中进行。剥皮这项工作主要由妇女完成——将一定数量松露带回家，并在家里完成剥皮工艺，但必须带回大致相等重量的去皮松露加去皮物。不用说，这个“大致相等的重量”是很难估算的，对这一点，阿兰一直严加管理。

世纪动荡

松露开始变得稀少

阿兰·珀贝尔在20世纪20年代购入一台松露清洗机

自第一次世界大战以来，法国各省出现了农村人口外流现象。由于农村人口涌到城市里找工作，农村整片整片的土地便都荒废了。而没有人去维护灌木丛，松露就无法长成，这导致松露产量下降。此外，留下来的少数农民比以往任何时候都更关注他们的投资收益。结果是，松露被“驱赶”到最贫瘠的土地上，而原先的土壤则用于改种更容易获利的农作物了。在人口大幅减少的村庄，曾经常见的小型松露市场逐渐消失。

20世纪40年代以来，松露产量的下滑明显加速。首先，农场改用机械化设备进行耕种，这对真菌生长产生了巨大的影响——机器破坏了它们的宿主植物的表层根系。其次，在松露全盛时期松露赖以生长的橡树虽然并没有被取代，但产出松露的橡树（后称松露树）的生产寿命不超过 60 年。再次，在卡奥尔周围，以前山坡上的葡萄树早就被橡树取代，鸽子不再光顾，便不再为土地施肥，因而土壤也随之退化。

雅克·珀贝尔的新客户群

松露产量的下降是在第二次世界大战后加剧的。到珀贝尔家族第三代雅克·珀贝尔接管家族企业时，农村地区对松露的态度和相应松露文化都发生了根本性的变化。从前手工劳作的农民开始改用机械化耕作，农场机械化得到了普及，农场管理也实现了现代化。所有这些努力都是为了确保法国的农作物能够不需要依赖外国，实现自给自足。在这种大背景下，像松露这样的"小产品"也越来越边缘化。

到了 20 世纪 50 年代，野生松露树减少了，老一批松露果园停止了生产，而种植园则不再受到关注。松露生产首次面临危机，从每年 300 至 400 吨断崖式下降到不足 150 吨。因为产量的下降，松露的价格也高到令人望而却步。大量的食品商店不再销售松露。

由于供应量少、价格高，松露渐渐淡出了大众的餐桌。另一方面，松露的稀缺性又提高了其声誉。雅克从中看到了发展新客户的商机，便开始在法国、英国、美国、日本等国家的餐馆老板中发展新的客户。这一发展策略使公司得以逐渐实现稳定出货，并确保珀贝尔在松露市场上的重要地位。

然而，面对法国产量的下降，雅克需要去寻找新的供应来源。他加强了与其他国家的商业关系，尤其是与意大利以及西班牙的业务。伊比利亚半岛上的松露早在 19 世纪末就已为人所知。一些法国经纪人曾试图建立商业联系，但没有取得很大成功。到了 20 世纪 60 年代初，西班牙商人发现了这种“新的真菌”，并了解到从它身上可以获得利润。因此，雅克便承接起了相关业务，他在西班牙旅行，帮助生产商组织收获并销售他们的松露。从上阿拉贡到瓜达拉哈拉，他也开拓出了一个又一个松露产区。随着新市场不断被开辟，原先因法国产量下降而遭遇危机的优质松露供应也不再是问题，珀贝尔稳定住了其松露的市场供应。

早期的培育实验

在历史悠久的松露生产国——法国和意大利，松露的逐渐消失已经成为人们关注的焦点。在这两个国家，松露产量已经持续下降。可悲的是，由于农村人口的流失，大量的松露知识已失传。要如何让这些知识重新为人们所知，又

“珀贝尔之家”目前销售各类松露制品，从油、醋、盐到意面等，当然还有鹅肝

要如何继承先人的经验呢？

1965 年，法国和意大利科学团队首次对松露进行了研究。到 20 世纪 70 年代中期，他们的工作使得菌根树得以广泛分布，并提供松露。为了测试这些树木并监测其有效性，雅克在他的朋友让·罗杰（Jean Rougié）的陪同下，

与一位育苗者一起开发了一个 12 公顷的实验性松露果园。同时，在另一位朋友——图卢兹大学霉菌学家查尔斯·蒙坦（Charles Montant）教授的帮助下，他雄心勃勃地启动了一项关于松露生理学的研究计划。

从那时起，研究人员一直在不懈努力来解决松露收获问题。对自然环境

新鲜黑松露的礼盒包装

的研究为松露需要什么样的生长条件这一议题提供了宝贵信息，并为松露的种植提供可能的机会。也希望有一天我们可以实现松露产量的增加，这将使所有的人都能享用到松露。

皮埃尔-让·珀贝尔的研究时代

到了20世纪80年代，我（皮埃尔-让·珀贝尔）加入行业。在这之后不久，遇到了谭荣辉，他加入了珀贝尔家族的家庭生活。

彼时，法国松露的产量已经下降到每年仅有35吨。这种珍贵的真菌已经成为一种独家产品，只保留给一小部分客户。松露的种植问题仍未得到解决。然而，珀贝尔公司发起的研究计划确实揭示了很多生物和化学方面的秘密。尽管观察这种植物有困难，但它的生命周期已被研究和描述出来，它独特香气的源头已被解密，一种专门的肥料也已获得了专利，并提供给生产商。松露也是博士论文和许多科学出版物的主题，几乎所有相关工作都是由企业发起和资助的，这些大大促进了松露研究的发展。

然而，尽管研究取得了进展，一个重要的问题仍然未能解决：松露产量的下降。法国的松露果园没能阻止松露产量的下降，到 21 世纪初，年产量仅为 15 吨至 20 吨。在这种背景下，珀贝尔公司不断调整，再次扩大业务。在两代经营者将聚焦松露本身发展的方针坚持了几十年之后，我恢复了曾祖父的策略，复兴鹅肝和松露相融合的伟大传统。在这一经营方针下，其他松露产品和牛肝菌加入，此外还加入了三十年来研究出来的新成果：松露黄油、松露酱、松露油等，公司产品范围有所扩大。

在开发松露国际出口市场的同时，我还致力于开发的多样化，并对中国松露等新品种以及南半球出现的新生产地区产生了兴趣，也通过网络，于全球范围内寻找新鲜松露的新客户群。

皮埃尔-让·珀贝尔（左）和雅克·珀贝尔（右）正在给新鲜黑松露分类

3 松露的各种伪装

皮埃尔-让·珀贝尔

寻觅神秘珍宝之难

有的人通过观察地表的质量和变化，就能找到地下的松露。例如，某些类型的苍蝇会被松露的气味吸引，并在松露的正上方产卵，待松露猎人到来时苍蝇虽然会飞走，但刮开苍蝇飞过的圆圈下面的土壤，就可能会发现松露。

法国洛特省阿康巴尔地区一个女人和她的猪正在寻找松露（印于 1893 年的印刷物）

当然，要使用这种方法找寻松露需要时间，而且结果如何是难以预测的，并不适合所有人。收获松露的首选方式是让猪或狗去找寻。在过去，猪经常被用来找松露，因为大多数农民至少有一头猪。在农村，一般会在每年秋天宰杀一批有点年岁的牲畜，因此到了收获松露的冬天，被用于找寻松露的主力牲畜一般都比较年轻，这也使得搜寻松露的工作开展更为容易。狗，特别是牧羊犬，被广泛使

用狗猎取松露

用。如果人们选择了用猪来找松露，他们必须选择年轻的，因为猪长到一两岁后体力就不行了，如果用来找寻松露，结果往往并不理想。人们用绳子拴住猪，让它们用鼻子嗅出松露所在。一旦它们发现松露，就必须强行将其拉回，不然它们会毫不犹豫地将松露吞掉。比较明智的操作是，在每次发现松露时，奖励它们一些土豆或玉米。对于有些猪，必须抓挠它们的背部，以示鼓励。不过，现在用猪探寻松露的做法越来越少了，这是令人遗憾的。猪是聪明的动物，有良好的嗅觉。猎手和松露猎猪的组合是我们宝贵记忆中的一部分，他们是很好的伙伴，经常被印在明信片上。

带着狗寻找松露（摄于西班牙）
包里放着收获的松露以及当狗找到松露后要奖励给它们的食物

猎取松露

在梅康图尔（Mercantour）山区，人们还曾驯服了一头年轻的野猪用作寻找松露。这并不奇怪，因为野猪可能会在这方面比家猪更出色。野猪一直都很喜欢松露，从这一意义上说，它们也是松露培植者真正的威胁。它们会破坏松露果园，把松露挖出来并摧毁它们。人们通常使用传统的方法来阻止它们，例如撒上樟脑丸，或是一小袋人的头发，这样一来，野猪就会像远离大飞蛾一样远离松露果园，因为它们不喜欢人类的气味。

如今，人们越来越喜欢养狗，而不是养猪。就像警犬被训练来猎取毒品一样，人们也会利用狗的嗅觉来训练他们猎取松露。猎取松露的狗一旦发现松露，就会在地上挖出一个洞，它自然也会得到相应奖励。

虽然没有哪个品种的狗特别擅长猎取松露，但相较而言，猎犬是最不擅长的，因为它们更喜欢追寻猎物的气味，而不是专注于猎取松露。而牧羊犬或普通杂种犬则是优秀的合作者。

松露的培育

要像栽培其他真菌那样栽培松露，至今还无法实现。然而，种植属于自己的能够产出松露的树，这种愿望已变得非常普遍和强烈。虽然我们离完全了解松露还有一段距离，但目前已掌握的知识就已经能让我们在尝试种植松露时尽可能少犯错误了。

土壤的选择

这一点很重要。世界上所有的松露园都具备高度石灰质的土壤，pH 值保持在 7.5 至 8 之间。土壤中应含有足够丰富的有机物，以滋养刚刚形成的小松露。松露从出生起就是自主生长的，因此必须自己从土壤中摄取所需的养分。在法国，有一种叫 Fructitruf 的肥料，可以有效改善贫瘠的土壤。不仅是土壤，对气候的要求也限制了松露的人工种植。

气候的选择

一般情况下，松露在温带、地中海型气候下才能茁壮生长：春天须保证水分和热量，夏天须有大风暴和大雨带来的热气，秋天须没有大霜冻但却保持湿润的气候，冬天须寒冷且有霜冻但气温又不能低于 - 5℃。当自然气候无法满足以上这些条件，松露就无法健康成长。其中，缺水问题很容易通过灌溉解决。相比之下，霜冻问题更难处理。松露对于气候和土壤的苛刻要求相叠加，也解释了为什么松露的产地这么局限。

树木的选择

仅仅满足气候和土壤条件是不足以产出松露的，树木也有重要的作用。有几种树种可以促进松露的出生和生长，如橡树、榛树、椴树、阿勒颇松和角豆树。但是，在所有的这些树种中，橡树的作用最显著。为了促进松露的生长，一棵树必须是菌根植物。菌根是生产松露的真菌和树木之间的交汇点。在过去的几十年里，通过科学研究，已经培植出了带有松露菌根的树木——Tuber melanosporum。这项久负盛名的技术在 20 世纪 70 年代初得到完善，能够生产出质量非常好的菌根树。遗憾的是，这并不意味着所有这些树木都能产出松露。松露种植通常仍然采用传统的植树技术。

松露市场

每个松露产区都至少有一个交易松露的每周市集。到了松露的收获期，这些市集就会出现，一般是从 11 月底持续到次年 3 月底。这些传统市集自 19 世纪以来就一直存在。它们是欧洲仅存的农贸市场，也是欧洲仅存的不受监管机制监管、供求双方自行交易的市场。有的时候，即使是在一周之内，松露的价格也会发生巨大波动。但由于松露越来越稀少，这样的市场数量也随之急剧下降。

这张 19 世纪晚期的明信片展示了多尔多涅地区的一个松露市场的交易场景

法国加尔省乌兹市场，一个松露经纪人正在给松露称重

在法国，目前有影响力的市场只有四五个了，而在20世纪初，这类市场可以达到四十多个。那么，它们具体是如何运作的呢？从古至今，这些市场的运作模式几乎没有变化，每个地方都是一样的：生产者将他们在两三天里收获的松露带到市场，并将它们卖给贸易公司的经纪人。

在这样的市场上，松露没有分项，买家也不可能有足够的时间仔细考察卖家所提供的产品质量。由于无法根据松露本身的品质来选购，经纪人就会认准一些他们认识多年的生产者

法国洛特省拉尔邦克市场上，松露采集者正在向买家们展示松露

定向采购。和经纪人长期合作的生产商会先给他们带来松露，这些人就是经纪人所说的“客户”。当双方商定价格后，经纪人会给生产商一张纸条，在上面写上定下的价格，一般按公斤价格来约定。这张纸作为一份合同：在市场结束时，买方对其松露进行称重，然后按照纸条上的价格购买松露。

和大众认知的交易市场不同，在这些松露市场上，交易很大部分靠的是相互间的信任。参与者一般都相互认识很长一段时间了，彼此十分了解。珀贝尔公司的经纪人就是如此，他们一般都已从事这一领域三四十年，有些还会子承父业，几代人都从事松露经纪人的职业，因此会和松露生产者有很深的交情。

质量标准

质量是选择松露的一个决定性标准，但是具体要如何判断呢？方法很简单：看它的内部。松露的皮下样貌是最重要的。黑色的肉和白色的脉络之间的强烈对比是其质量和新鲜度的保证，因为脉络会随着松露的成熟而收缩。用一把锋利的刀，切下一块松露。在吃不准的时候，也可以在不同部位分别切下一块来综合考量。松露的肉质应该是黑色且坚硬的，白色的脉络纵横交错。血管的厚度取决于松露的品种，而血管的颜色则取决于季节。因此，松露采收得越晚，其纹路就越深。木质或腐烂的松露显然是不能要的。木质松露，即那些像木头一样坚硬的松露，之所以会长成这样，是因为夏季的环境过于干燥了。而松露之所以会腐烂，通常是冬季过长、霜冻过于严重的结果。它们因水涝变软，很快就会变质。有时，变质的只是松露的上半部分，在这种情况下，可以去除这部分，保留其余好的部分。这些保留下来的部分可以用来制作松露碎块（brisure de truffe）。如果松露整个冻坏了或腐烂了，那就不能食用了，这种情况下，会将它们“播种”在松露种植地，也就是在宿主树旁边，以促进新松露的生长。

有些人声称他们可以仅根据气味来判断松露的质量。遗憾的是，要以这种方式判断，限制条件实在过于苛刻。相对而言，要获得优质的松露，最可靠的方法是访问一位受人尊敬的松露行家。最好的松露是在 1 月和 2 月收获的。原则上，到那时，松露已经达到了最佳成熟度，并且已经无保留地散发

雅克·珀贝尔

约瑟夫·罗克斯是伟大的真菌学家和松露爱好者，他于 1832 年出版的书中描绘了松露，图中是松露实物、松露刀和这本松露书的组合

出它们的风味。而如果你是在 12 月中旬之前就购买到了新鲜松露，那就要小心了，因为这些松露可能还没有完全成熟。此外，对于松露质量的把关，还要确保它们既不太硬也不太软。一枚理想的松露，它的质感应该类似于坚固的橡胶球。

松露的储藏与保存

松露是一种非常精致的食物。事实上，它们大体是由水组成的，而水分在储存过程中会很快蒸发掉。因此，建议不要长期储存松露。较为理想的储存方法是：将大米倒入旋盖罐或密封的塑料盒中，将松露放在上面，使它们不发生接触。关闭罐子或盒子，并将容器放在冰箱里。理想的储存温度是4～6℃。大米起到吸收水分的作用，如此，新鲜松露可以保存一个星期。不过，最好还是每天检查，掌握它们的实时状况。

如果松露表面出现了一层薄薄的白膜，就说明要尽快食用了。不过，不用担心食用安全，这层薄膜是一种无害的霉菌，用活水很容易冲洗掉。顺便说一下，如果您选择了优质的大米来保存松露（例如陈年巴斯马蒂大米），那么松露的后期烹饪只要简单地

将煮过的黑松露存放于玻璃罐中

蒸一下，再配上黄油，就会非常美味。

松露的味道永远是新鲜的时候最佳。但如果你运气好，一下子拥有了太多的松露，可以把它们冷冻起来或装入罐头。不过无论采用其中哪一种方式，它们的白纹都会消失。另外，千万不要把它们放在油或酒精中。油会使它们变质，酒精会使它们的味道走样。

要冷冻松露，可将其放在独立的冷冻袋中或旋盖罐子里，又或者是小塑料盒里。如此一来，解冻后的松露虽然还是会失去一些黏性，但原始的味道可以较好保留。对于冷冻的松露，最好是在其仍处于半冷冻状态时就将之切成块，并烹饪。用罐头不仅能最长时间保存松露，而且效果也是最令人满意的。将几块松露放在一个罐子里，注意不要把它们挤进去；加入两三勺水和少量盐；密封罐子，并将其放入沸水中，至少煮沸三小时。在这个过程中，松露将失去其重量的约百分之二十五。

对于此过程中产生的松露汁，可以留着在之后烹饪中使用。当然，除了使用存在罐头和瓶子中的完整的松露烹饪，您还可以购买松露块、松露皮（pelures de truffes）或磨得更细的松露碎块。使用罐头还是瓶装松露，主要取决于烹饪中要用到多少量。一般来说，你很难预先知道在菜肴中要使用多少松露，才能使其散发出足够明显的味道。我的建议是遵循以下黄金法则：按每人 12.5 克松露（市场上最小的一罐），根据实际用餐人数来调整，这样就能确保出品效果了。

松露鹅肝酱

松露的烹调

在处理整块松露时，可以切碎、压碎、切厚片或切薄片。你可以用小型可调式机器来处理，也可以仅凭一把锋利的好刀。厨师尚德·拉韦恩（Jean Delaveyne）对于松露的处理曾这样建议：应将其压碎，而不是切成小块，如此可以更好释放其味道。新鲜松露本身就是一种食品，适合切成薄薄的片状拌在色拉中大快朵颐。

虽然保存松露会使其味道发生一些变化，但并不会使其变质。有些人声称，保存的松露不如新鲜的好。在我看来，它们的味道明显不同，但不只是单纯的好坏之分，而是更为复杂，这其中的差别非常微妙。甚至可以这样说，新鲜松露更适合于某些食谱和某些烹调方法，而腌制的松露则适合于其他的食谱和烹调方法。

新鲜松露的味道更浓郁，但与腌制的松露相比，它的味道更具野性。那是一种直率和朴实的味道，与生的蔬菜和其他简单的味道搭配起来很好。切片的新鲜松露搭配烤菲力牛排、煎羊肉、野苣或鸡胸肉都很美味。当松露遇上吐司，便造就了最简单但也是最豪华、最精致的烤三明治。如果要用松露搭配煎鸡蛋，最好是使用新鲜松露。而如果是要用于炒鸡蛋，腌制的松露更好，因为它们的风味比新鲜松露更为丰富，与炒鸡蛋的质地更协调。另外，腌制松露也可用于制作鹅肝酱。一般来说，腌制的松露给人的感觉是精致而充满灵性的，正因如此，其登场需要一个合适的“舞台”，其

冷制鸡蛋松露酱

松露香肠

亮相也需要一个陪衬。

相较而言，新鲜松露比腌制松露的味道更能压制住其他味道，但是，总体而言，松露在味道上的“侵略性”是不强的。事实上，无论是新鲜的松露还是腌制的松露，在味道方面都是自相矛盾的，因为它们的味道既是我们所知道的最浓烈的味道之一，但因其细腻的特性，在与其他浓烈的味道同在时又会被盖住。因此，在选择松露的搭配食材时，一定要小心翼翼：一旦其中某种元素太过强硬，就会让菜品整体失衡。

在法国西南部，松露总是与鹅或鸭的脂肪、或与猪油一起使用。肉类、鹅肝、土豆和新鲜蔬菜也都可以和松露一起食用。与松露相配的美味中，还有一种味道特别强烈的食材：大蒜。

在烹饪中使用松露，尤其是新鲜的松露时，记得每次都先用刀穿过一瓣大蒜，因为大蒜和松露是极佳的搭配。

最后，千万不要像过去几个世纪流行的那样把松露放在家禽体腔中烹调。过去这种做法流行是因为它扩大了真菌的香味，这么做也许并不影响我们祖先的口感，因为他们更喜欢充满野味的味道，但就现下的大众口味而言，效果是差强人意的。如果要在烹调家禽时加入松露，可以参考一种古法，在法语中叫作“Demi-deuil”，指的是将大量的松露片塞入家禽的皮下，与家禽一起烹调，这样做出的菜无比美味。

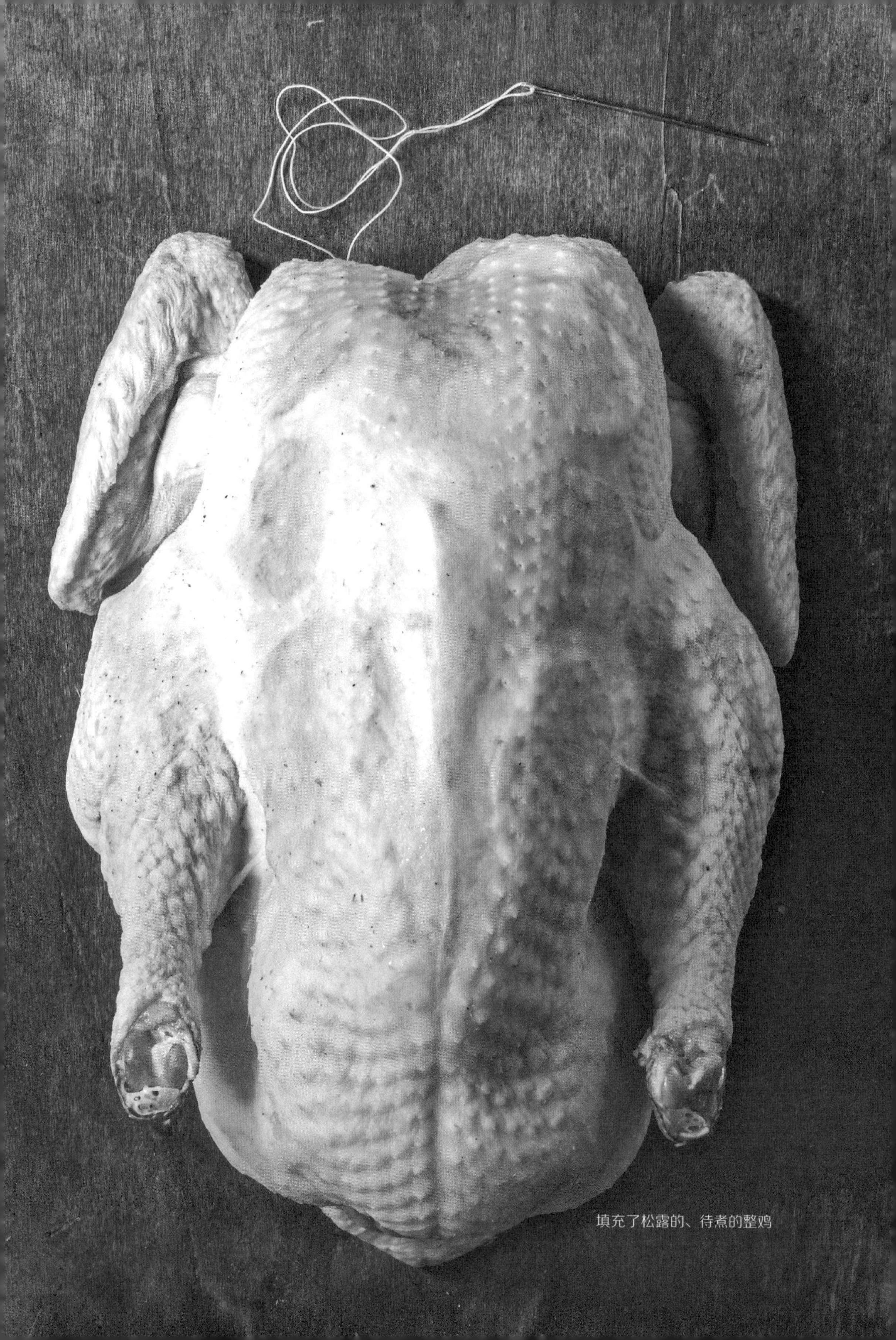

填充了松露的、待煮的整鸡

4 传统法式松露烹饪

谭荣辉

如果想享用冬季黑松露，三明治是最简单和最美味的方法之一。这些令人上瘾的三明治是一种美妙的开胃菜，非常适合搭配香槟酒。

提前一天制作，这样面包可以尽可能多地吸收松露的香气。好面包是这道菜的关键，也是品尝出美味松露的关键。

松露三明治（Tastou）

（4～6人份）

8片薄的乡村面包或全麦面包
200克或7盎司无盐黄油
80克或2¾盎司新鲜冬季黑松露（切成薄片）
"盐之花"（Fleur de sel）或粗盐
现磨黑胡椒粉

- 提前一天，给每片面包涂上黄油，然后盖上松露片以及盐和胡椒粉，再用另一片面包盖在其上，使黄油面朝向松露，重复这个操作，完成四个三明治的制作。
- 制作完毕后，将它们放在一起，紧紧地用保鲜膜包好，用重物压在其上，以便使松露等的味道吸收到面包中，冷藏。
- 第二天，烹饪之前，将烤箱预热至220℃，时间调为15分钟。将四个三明治放在烤盘上，烤10～12分钟，直到面包被轻度烤焦。取出，切成食用大小，然后立即食用。

这是一道简单、清爽的色拉，其中加入了当季最好的冬季松露。在拌色拉时，最好使用中性油，以免油的味道淹没了松露精致的味道。

新鲜松露色拉

（4人份）

2棵新鲜的生菜（洗净并擦干）
黑醋
盐，适量
现磨黑胡椒粉，适量
葵花籽油
60克或2盎司新鲜冬季黑松露（切成薄片）

- 在一个大的色拉碗中加入醋与盐和胡椒粉，倒入油搅拌均匀。留一小部分搅拌得到的油醋汁，放在一边。将生菜倒入，与油醋汁搅拌。
- 将松露片用放在一边的油醋汁浸湿，然后放在拌好的色拉的上面，立即上桌。

将松露加入库隆米埃奶酪，是一种不同寻常的感受新鲜冬季黑松露美味的方式。库隆米埃奶酪是一种生牛乳奶酪。它比布里奶酪更厚，酸度更低。而马斯卡彭奶酪是一种意大利奶酪，脂肪含量高，口感丰富，其温和的味道使其能够吸收浓郁的松露香味。松露加奶酪，是一种令人愉快的饭后甜点，况且，大概没有什么能比这种甜点更容易做的了。

松露库隆米埃奶酪

一块熟库隆米埃奶酪，大约 400 克或 14 盎司
125 克或 4½ 盎司马斯卡彭奶酪
80 克或 2¾ 盎司新鲜冬季黑松露（切成薄片）

- 取出库洛米埃奶酪，用一把锋利的刀将其劈成上下两层。将马斯卡彭奶酪涂抹在两层中间，避免溢到边缘。
- 在下层奶酪上铺上松露，再盖上上层奶酪，压紧实。
- 用保鲜膜将奶酪包起来，并冷藏至少两天。
- 在准备食用前，提前两三个小时取出，使奶酪达到室温，与烤好的面包共同食用。

这道奢侈的菜肴可以追溯到松露资源还很丰富的时代，当时松露还被当作冬季蔬菜食用。这原本是一道农家菜，如果你想感受松露真正的味道，这道菜式值得一试。

放在今天，烤箱可以很好地实现这个食谱。如果没有家用烤箱，可以将松露放在一个铜制砂锅中，然后将壁炉中的热灰堆在松露上，使松露在其自身的汁液中烹煮。

皮埃尔-让的烤松露
（Truffes sous les cendres）

（1人份）

1个完整的新鲜冬季黑松露，重约30～60克或1～2盎司
2条猪膘或培根
现磨黑胡椒粉
正方形的铝箔

- 将猪膘或培根包在整个松露上。用黑胡椒粉调味，然后包在铝箔中。
- 将烤箱温度设置为220℃，预热20分钟。
- 将松露放在烤箱托盘上，根据松露的大小，烤10～15分钟。
- 从烤箱中取出，放在一个温暖的盘子上，并立即上桌。

这款充满乡村气息的冬季蔬菜汤体现了松露味道的精华。它很容易制作，而且大部分的工作可以提前完成。试过之后，你会发现这道菜是天作之合。

巴贝 · 珀贝尔的芹菜松露汤

（4～6 人份）

50 克或 1¾ 盎司无盐黄油
2 个小洋葱（切成细末）
100 克或 3½ 盎司大葱（切成细末）
350 克或 12 盎司新鲜芹菜（去皮）
250 克或 9 盎司土豆（去皮）
10 克或 2½ 茶匙糖
1.2 升或 2 品脱自制鸡汤
盐和现磨黑胡椒粉
80 克或 2¾ 盎司新鲜冬季黑松露（切成丝状）
3 勺新鲜韭菜（切成细丝）

- 将黄油倒入大锅中加热。加入洋葱和大葱煸炒约 5 分钟（确保其不会变色，如果炒的时间过长，就会变色，甚至变焦）。
- 将芹菜和土豆切成块状。将它们与糖、鸡汤、盐和胡椒粉一起放入大锅中。搅拌均匀，将混合物煮沸，再煮 20 分钟。
- 移开锅子，放置在一边冷却至可以处理的程度。将汤分批倒入搅拌机中，搅拌，直到呈完全光滑和奶油状。用小火把汤重新加热，并加入松露搅拌。
- 将混合物舀入一个汤锅或单独的碗中，用新鲜的韭菜做装饰，并立即上桌。

享用冬季黑松露的理想方式之一，是置于清鸡汤中。这道菜成功的关键是美味的高汤。

将新鲜的松露刮到肉汤上，这种不过度加工的烹饪方法完整保留了松露本身的香气和味道。

清炖鸡汤配新鲜松露

（4 人份）

1.2 升或 2 品脱自制鸡汤
适量盐和现磨黑胡椒粉
2 个完整的洋葱（切成细丝状）
80 克或 2¾ 盎司新鲜冬季黑松露

- 在一个大锅中，将鸡汤煮沸，并加入盐和胡椒粉。
- 盖上锅盖，从灶头移开。放置 10 分钟。
- 加入洋葱丝进行搅拌。小心翼翼地将松露切成薄片。
- 将汤舀入一个大的汤锅或单个碗中，加入松露片并立即上桌。

这道慢火熬成的意大利美食的主厨是巴贝。

巴贝·珀贝尔经常做慢煮成光滑奶油状的意大利饭。在这道菜中，她加入了新鲜切碎的或罐装的松露和奶油乳酪，煮熟的烩饭将很好地吸收它们的味道，并突出松露的芳香。关于奶酪的选择，巴贝会避开帕尔马干奶酪，在她看来，这将与松露的味道和口感相冲突。

巴贝·珀贝尔的松露烩饭

（4～6人份）

75 克或 2¾ 盎司无盐黄油
50 克或 1¾ 盎司香葱（切成细末）
100 毫升或 3½ 盎司干白葡萄酒
250 克或 9 盎司意大利阿波罗大米
1.5 升或 2½ 品脱自制鸡汤
盐和现磨黑胡椒粉
100 克或 3½ 盎司粗略切碎的新鲜冬季黑松露或优质罐装冬季黑松露（煮过一次）[①]
50 克乳酪酱

- 将砂锅加热，加入黄油使其融化。加入香葱，中火煮 2 分钟，直到它们呈半透明状，这一步中，要小心不让其因受热过度变成棕色。
- 加入白葡萄酒并继续煮 2 分钟，直到大部分的酒精蒸发掉。
- 加入大米，并搅拌 2 分钟。转为小火，加入一些鸡汤继续搅拌，直到米饭已经吸收了一些汤汁。
- 继续添加汤汁并搅拌，让汤汁慢慢蒸发，约 25～30 分钟后，大部分的汤汁逐渐收干。这时，加入盐和胡椒粉来调味。
- 米饭煮熟后，一边搅拌一边加入切碎的松露，最后加入乳酪酱，均匀搅拌。
- 立即趁热食用。

① 煮过多次的松露因杀菌更彻底因而保存时间更长，但这一过程也使其失去了松露原本的风味。相较而言，仅煮过一次的松露更好保存了其风味。

松露为最受人喜爱的食物——意大利面的烹饪提供了灵感。其泥土味道是纯朴意大利面的完美衬托。

以下要介绍的是一道意大利面，烹制简单，吃起来也美味。

新鲜松露意大利面

（4人份）

250克或9盎司意大利干面条或新鲜意大利面，如tagliatelle、fusilli或farfalle
50克或1¾盎司新鲜冬季黑松露或优质罐装冬季黑松露（煮过一次）
75克或2¾盎司无盐黄油
盐和现磨黑胡椒粉
3～4勺磨碎的新鲜帕尔马干奶酪
2勺新鲜韭菜（限绿色部分）或大葱（切成细末）

- 将水煮沸，加盐，下意大利面。同时，将松露切成薄片，分成两半。其中一半切成细丝，另一半切成片状，作为装饰品。如果你使用的是罐装的松露，请保留所有的汁液，与黄油搅拌在一起。
- 当意大利面煮熟后，沥干，煮面的水留作后用。
- 将意大利面与黄油、切碎的松露丝、奶酪和约3勺意大利面汁水搅拌均匀，用盐和胡椒粉调味。
- 用剩余的松露片和韭菜（或大葱）点缀。
- 立即上桌。

这道令人难以置信的简单菜看来自莫妮克，易做还好吃。

在这道菜中，松露选用煮熟的锡罐松露，效果最好。

此菜适合作为大餐的头盘。

莫妮克·珀贝尔的松露酱水煮蛋

（6人份）

6片烤过的面包
50克或1¾盎司优质罐装冬季黑松露（煮过一次）
70克或2½盎司无盐黄油
盐和现磨黑胡椒粉
6个新鲜的鸡蛋

- 把罐装松露沥干，将汁液放在一个小锅里，然后用搅拌机或食品加工机将松露搅碎，直到其成为光滑糊状松露酱。
- 将黄油切成小丁状，用小火加热松露汁，加热过程中，一点一点地加入黄油丁。搅拌，直到黄油完全融入其中。
- 加入松露泥搅拌均匀。继续加热，但不要让混合物沸腾。用盐和黑胡椒粉调味。之后，置于一边，保持温暖。
- 在一个大锅中，将水煮沸，将鸡蛋煮4分钟。
- 取出鸡蛋，沥干外壳水分。
- 剥开一些蛋壳，在鸡蛋中加入少量松露酱。
- 松露酱也可以搭配吐司条食用。

这是一道经典的松露鸡蛋菜肴，且制作相当容易。需要的只是一点耐心和松露。

鸡蛋的微妙味道与质地将衬托出松露的芳香。

松露炒蛋

（4～6人份）

100克或3½盎司新鲜冬季黑松露或优质罐装黑松露（煮过一次）
12个鸡蛋
盐和现磨黑胡椒粉
60克或2盎司无盐黄油
25毫升或1盎司液体奶油

- 用叉子将松露压碎，并加入蛋液中。加入盐和胡椒粉，搅拌，让混合物在室温下放置至少1小时。
- 将一锅水煮沸，作为“蒸锅”用于隔水加热。
- 将另一个小锅放入“蒸锅”中，在小锅中加热50克或1¾盎司黄油。
- 在小锅中加入蛋液和松露的混合物，并在沸水中继续搅拌，直到混合物变成奶油状。
- 当混合物达到所需浓稠度时，加入剩余的黄油和奶油搅拌。
- 立即上桌。

莫妮克·珀贝尔制作这种煎蛋，已有60多年历史。根据她的配方，一人份的食材配量是2个鸡蛋和至少20克新鲜冬季松露。

松露和鸡蛋是完美的搭配，鸡蛋的微妙口味增强了松露的芳香。加热到不超过30℃，就能发挥出其最佳风味。

莫妮克·珀贝尔的松露煎蛋饼

（4人份）

8个鸡蛋
80克或2¾盎司新鲜冬季松露（切成片状）
盐和现磨黑胡椒粉
3勺冷水
60克或2盎司无盐黄油

- 将鸡蛋敲入一个大碗，加入松露。让混合物在室温下放置1小时或更长时间。
- 将鸡蛋打散，加入盐和胡椒粉，再加入水。重点是，不要把蛋打得太散。
- 在一个不粘锅中融化黄油，当黄油变热时，将鸡蛋和松露的混合物倒入锅中央，用中火煮，待蛋液凝固后，在边缘处卷起。然后，用铲子搅动鸡蛋，使流体状蛋液流向中心。
- 当大部分蛋液已经凝固、鸡蛋中心部分仍有轻微流质时，将煎蛋的三分之一向中心翻折。之后，将其翻转到一个温暖的盘子上，并立即食用。

这是一款受波尔多风格启发的肉类美食。

crépinette 是一个法语术语，中文名克雷皮内特，指的是一种小的扁平香肠，通常由碎肉和切碎的欧芹制成，并包裹在网油（crépine）（译者注：这是法国肉食店常见食品）里。

网状的包裹物使肉保持湿润和多汁。配以清淡的绿色色拉，此美食将更为诱人。

波尔多式松露炸肉饼

（4 人份）

225 克或 8 盎司网油[①]
450 克或 1 磅剁碎的肥猪肉
2 个鸡蛋的蛋清
盐和现磨黑胡椒粉
2 勺白兰地
15 克或 ½ 盎司新鲜韭菜（切成细末）
5 克或 ⅙ 盎司欧芹（切碎）
15 克或 ½ 盎司大蒜（切成细末）
100 克或 3½ 盎司粗略切碎的新鲜冬季黑松露或优质罐装冬季黑松露（煮过一次）
面粉（用于铺面）
2 个鸡蛋（打匀成蛋液）
35 克或 1¼ 盎司干面包屑
花生油（用于煎炸）

- 将网油在一碗冷水中浸泡 20 分钟。
- 在一个大碗中，加入猪肉与蛋清、盐、胡椒粉、大蒜、白兰地、欧芹、韭菜和切碎的松露，搅拌均匀。
- 从水中取出网油，用茶巾拍干。将其切成四块。

① 英语作 Caul Fat，一种半透明的脂肪，在烹调过程中融化、提供水分和味道，并将原料固定在一起。

- 铺开一张正方形的网油，将四分之一的猪肉混合物置于其中央。
- 折叠四边，形成一个包。重复以上步骤，直到用完所有的混合物。这就完成了四个肉饼主体的制作。
- 用面粉涂抹外层，抖掉多余面粉。
- 蘸上打好的蛋液，最后撒上面包碎屑。
- 将煎锅加热，加入油。用最小的火，慢慢地煎炸肉饼，每面都要煎 8 分钟，直到呈金黄色，酥脆状。
- 立即上桌。

以下菜品是对埃斯科菲耶[①]经典食谱中松露炖鸡（poulet demi-deuil）的改良。

将一只大的有机鸡，以经典的粤菜方式浸泡。对于鸡肉和松露这样的美食，浸泡是一种理想的烹饪方式，温和的热量令鸡肉保持湿润口感，且味道鲜美，几乎是天鹅绒般的质地。鸡肉在水中熬煮几分钟后，关掉火，盖紧锅盖，让鸡肉浸泡在水中，完成烹饪。

生姜和葱的加入，使这道菜在不偏离经典法式风格的同时，具有了中国菜特色。

中法混合式松露炖鸡

（4～6人份）

1只1.5～1.75公斤（3½～4磅）的有机农场鸡
盐和现磨黑胡椒粉
6片新鲜生姜
6根完整的大葱
50克或1¾盎司切成薄片的新鲜冬季黑松露或优质罐装冬季黑松露（煮过一次）
20克或¾盎司无盐黄油（切成碎片）
50克或1¾盎司切成条状的新鲜冬季黑松露或罐装优质冬季松露（煮过一次）

- 将盐和胡椒粉均匀地洒在鸡肉的内腔中。
- 剥去鸡胸部位的皮。轻轻地将薄切的松露片塞在鸡皮和鸡胸肉之间，用一根竹签封闭体腔。
- 在一个足以装下整只鸡的锅中注入水，煮沸。
- 加入鸡、盐、胡椒粉、姜和葱。
- 将混合物煮沸，加盖并煮20分钟。

---

① 译者注：乔治斯·奥古斯特·埃斯科菲耶（Georges Auguste Escoffier）是一位法国名厨、餐馆老板和美食作家，有法国“厨师之王”美誉。

- 关火，把盖子盖紧，让它在灶台上放置 1 小时。
- 1 小时后，将鸡肉放到砧板上冷却。
- 取出鸡肉后，将剩余的液体过滤并煮沸，煮至汤汁剩下 150 毫升左右。
- 将黄油加入汤汁，然后加入松露条、盐和黑胡椒粉来调味。
- 小心翼翼地将鸡肉切开，并将其放入酱汁中慢慢加热。
- 上菜。

这道菜的灵感来自莫妮克·德尔索，她的昵称是莫莫。莫莫是我们在法国西南部洛特地区认识的最好的厨师之一。

与该地区的许多人一样，她也是松露的忠实爱好者，只要有机会就会使用它们。

莫莫做了一种令人难以置信的咸味馅料，用于禽类的内腔和皮下。这种馅料成就了她的烤鸡无与伦比的美味。

莫莫的烤鸡与松露馅料

（4～6人份）

盐和现磨的黑胡椒粉
1.5～1.7千克或3½～3¾磅的珍珠鸡
松露馅料：
100～110克或3½～3¾盎司新鲜鸭肝（切成大块）
25克或1盎司香葱（切碎）
75克或2¾盎司香肠肉（剁碎）
75克或2¾盎司干燥的陈面包（切成大块）
50克或1¾盎司新鲜的冬季黑松露或优质罐装冬季黑松露（煮过一次）

- 将盐和黑胡椒粉混合在一起，均匀地涂抹于鸡的外部和内腔。
- 用手指轻轻地剥开鸡胸部和大腿下面的皮肤。
- 将馅料食材混合，并用盐和黑胡椒粉对松露馅料调味。
- 将少量的馅料放在皮下，其余的放在鸡的体腔内，用竹签封住体腔。
- 将烤箱预热至240℃，将鸡放在烤盘中，胸部朝下，烤10分钟。
- 将炉火降至180℃，再烤30分钟。
- 将鸡翻身至胸部朝上，继续烤10分钟。
- 从烤箱中取出鸡，在食用前将其放置至少15分钟。
- 小心地取出烤鸡，取出馅料，放在一边。
- 用一把锋利的刀，将珍珠鸡切片，并与馅料摆放在一个温暖的盘子上。

鸡胸肉有一种温和微妙的味道，是松露的完美衬托。事实上，它们的组合更像是相得益彰。鸡胸搭配松露，可以快速、简单、优雅地让松露展现出其魅力。

松露鸡肉

（4 人份）

4 块去骨去皮的鸡胸肉
80 克或 2¾ 盎司切成片状的新鲜冬季黑松露，或优质罐装冬季黑松露（煮过一次）
盐和现磨黑胡椒粉
60 克或 2 盎司无盐黄油（切成小块状）

- 将烤箱预热至 240℃。
- 用一把锋利的刀，在每块鸡胸肉上划出深深的切口。
- 将松露片整片插入鸡胸肉中。
- 用盐和胡椒粉调味。
- 将鸡肉放入烤箱平底锅中。在鸡肉上面涂抹黄油，烤大约 10 分钟。
- 取出，静置 10 分钟后食用。

这道菜是在经典烤牛肉的基础上，配上简单的松露酱。牛柳是有着精致芳香的松露的完美衬托。

你会发现这道菜很适合在优雅场合呈现，而且烹饪上也并不花功夫。

烤牛肉配经典松露酱

（4～6人份）

1.3～1.5千克或2¾～3⅓磅牛柳，修整并捆扎好
2勺花生油或植物油
适量盐和现磨黑胡椒粉
酱汁配方：
3勺马德拉酒
50 ml 或 1¾ 盎司多蜜酱（多蜜酱可通过将汤汁收干至浓稠的浆状自行制作，或者在高级美食店购买）
60克或2盎司新鲜冬季黑松露或优质罐装冬季黑松露（煮过一次）

- 将烤箱预热至220℃。
- 用盐和黑胡椒粉给牛柳充分调味。
- 将一个烤盘放在炉子或炉灶上加热。
- 然后加入油，慢慢煎制牛柳，直到呈金黄色。
- 将牛肉放入烤箱烤10分钟。
- 然后将炉温降至190℃，再烤10分钟。
- 取出牛肉，将其在室温下静置20分钟，切开。
- 将松露切碎，用于制作酱汁。
- 将烤盘中的油脂部分全部倒掉，保留牛肉碎片和汁液。
- 将烤盘放回炉子上，用马德拉酒为汁液脱脂。
- 加入多蜜酱和切碎的松露，制成酱汁。
- 将牛柳和酱汁一起上桌。

小牛肉的微妙口感与松露完美搭配。它温和细腻的味道很好地激发出松露味道的呈现。

总体而言，这是一道丰盛而优雅的菜肴。

烧烤小牛肉架

（4～6 人份）

1～1.2 千克或 2¼～2¾ 磅小牛肉架
50 克或 1¾ 盎司新鲜冬季黑松露或罐装优质冬季黑松露（煮过一次）
盐和现磨黑胡椒粉
酱汁：
3 勺马德拉酒
150 毫升或 5 盎司多蜜酱
50 克或 1¾ 盎司切成丝状的新鲜冬季黑松露或优质罐装冬季黑松露（煮过一次）

- 将烤箱预热至 220℃。
- 用盐和黑胡椒粉对小牛肉进行调味。
- 将 50 克或 1¾ 盎司松露切成小厚块。
- 用一把锋利的小刀在小牛肉的顶部深深地划上一刀，将松露片插入切口处。
- 将小牛肉放入烤箱烤 10 分钟。
- 然后降低炉温至 190℃，再烤 25 分钟。
- 取出小牛肉，在室温下静置 20 分钟，再切开。
- 切碎 50 克或 1¾ 盎司松露。
- 将烤盘中的油脂全部倒掉，保留所有牛肉碎片和汁液。
- 将烤盘放回炉子上，用马德拉酒为汁液脱脂。
- 加入多蜜酱和切碎的松露。
- 将小牛肉架和酱汁一起上桌。

新鲜扇贝的最佳烹饪方法是清蒸。这种方法不会烹煮过度，而是能使扇贝的微妙味道和多汁质地得到体现。

蒸扇贝也是松露的完美伴侣。扇贝的汁液与鱼汤混合后，加入松露丝，简单又优雅。少量的黄油可以增加丰富感和风味。

这是一道理想、易做的菜肴，是任何晚宴的理想开胃菜。

清蒸新鲜扇贝配松露

（4 人份）

450 克或 1 磅新鲜扇贝
珊瑚盐和现磨黑胡椒粉
50 毫升或 1¾ 盎司自制鱼汤
2 勺无盐黄油（切成小块）
80 克或 2¾ 盎司新鲜冬季黑松露或优质罐装冬季黑松露（煮过一次）
1 勺切碎的韭菜

- 将扇贝均匀地放在一个耐热的盘子上。
- 将盐和黑胡椒粉均匀地洒在在扇贝上。
- 取出一个蒸笼，或将一个架子放入炒锅或深锅中形成“蒸笼”，注入 5 厘米深的水。用大火将水烧开。小心地将扇贝连同盘子一起放入蒸锅里或架子上。
- 将火力转为小火，并将锅盖盖紧，蒸 5 分钟。
- 同时，将松露切成细丝。
- 将扇贝和盘子一起从蒸锅中取出，并将扇贝蒸出的汤汁倒入另一个锅中用于制作酱汁。
- 在酱汁锅中加入高汤，煮至汤汁只剩原来的四分之一，慢慢加入黄油。
- 将扇贝与切成细丝的松露一起放回酱汁中加热，用韭菜装饰。
- 立即上桌。

这是雅克·珀贝尔在当地美食基础上的个人创新。

这道菜通常是用牛肝菌做的。而作为一个松露大师，他在这道菜中使用新鲜松露，使其与泥土气息浓郁的土豆相得益彰。

这是天作之合，异常美味。

雅克·珀贝尔的萨拉戴斯土豆

（4～6人份）

1 千克或 2½ 磅土豆
2 勺花生油
足量鸭油或鹅油
盐和现磨黑胡椒粉
60 克或 2 盎司新鲜冬季黑松露（切成薄片）
30 克或 1 盎司粗切的大蒜
30 克或 1 盎司粗切的新鲜欧芹

- 将不粘锅加热并加入油，然后加入土豆。
- 调至中火，继续煮 30 分钟。
- 不时添加一勺鸭油或鹅油以保持土豆湿润。
- 调至小火，盖上盖子，留些缝隙，煨约 10 分钟，根据需要添加鸭油或鹅油。
- 打开盖子，继续煨约 30 分钟。
- 将土豆倒置在一个平坦的盖子上，压成土豆饼，并轻轻地将土豆饼滑回锅中，以便使其原先朝上的一面也煎至棕色，期间可根据需要添加鸭油或鹅油。
- 当土豆饼变脆、变成棕色后，加入盐、黑胡椒粉、松露片、大蒜和欧芹。
- 将土豆饼装到一个温暖的盘子里，然后立即上桌。

* 口感爽脆的色拉是这道菜的完美补充。如果能配上一道烤肉，那更是美味组合。

土豆是松露的天然陪衬。

在这个食谱中，我们介绍一种美味的土豆泥，它制作简单，味道却令人惊喜。

黄瓜削弱了土豆的厚重感，并使其具有了不同寻常的味道和质地，与带着泥土气息的松露相得益彰。

松露土豆黄瓜泥

（4~6 人份）

1.5 千克或 3¼ 磅黄瓜
2 勺盐
900 克或 2 磅土豆
250 毫升或 9 盎司液体奶油
125 克或 4½ 盎司无盐黄油
盐和现磨黑胡椒粉
80 克或 2¾ 盎司新鲜冬季黑松露或优质罐装冬季黑松露（煮过一次）。

- 将黄瓜去皮，纵向切成两半，用茶匙掏去籽。
- 将黄瓜的一半切成片状，撒上盐并搅拌均匀。
- 将拌好的黄瓜放入滤器中，放置 45 分钟，使其出水沥干。这样可以去除黄瓜的水分。
- 当黄瓜片沥干后，用清水冲洗干净。
- 然后用搅拌机搅拌，挤出多余的水分，放在一边。
- 将土豆去皮，在盐水中煮 20 分钟或煮到其变软，关火静置。

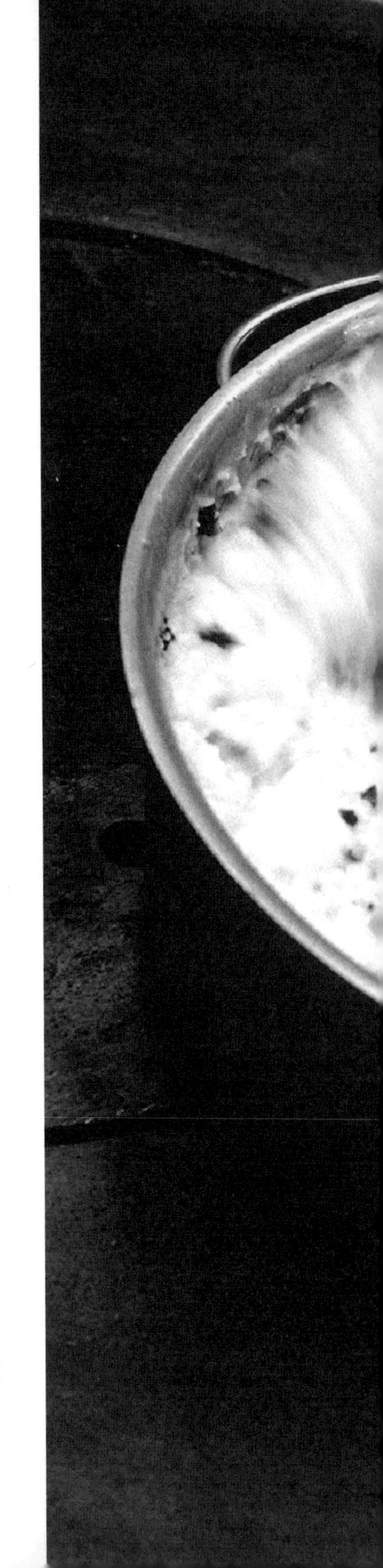

- 当土豆足够凉时，将其去皮。
- 然后用绞肉机或食物粉碎机将其压成土豆泥。
- 重新加热土豆泥，同时将奶油在锅中煮沸，并将其加入土豆泥中。
- 加入黄油，搅拌均匀。
- 加入盐和胡椒粉调味，然后放在一边。
- 将松露切细。
- 上菜前，重新加热土豆泥并将黄瓜和松露放入其中。
- 立即上桌。

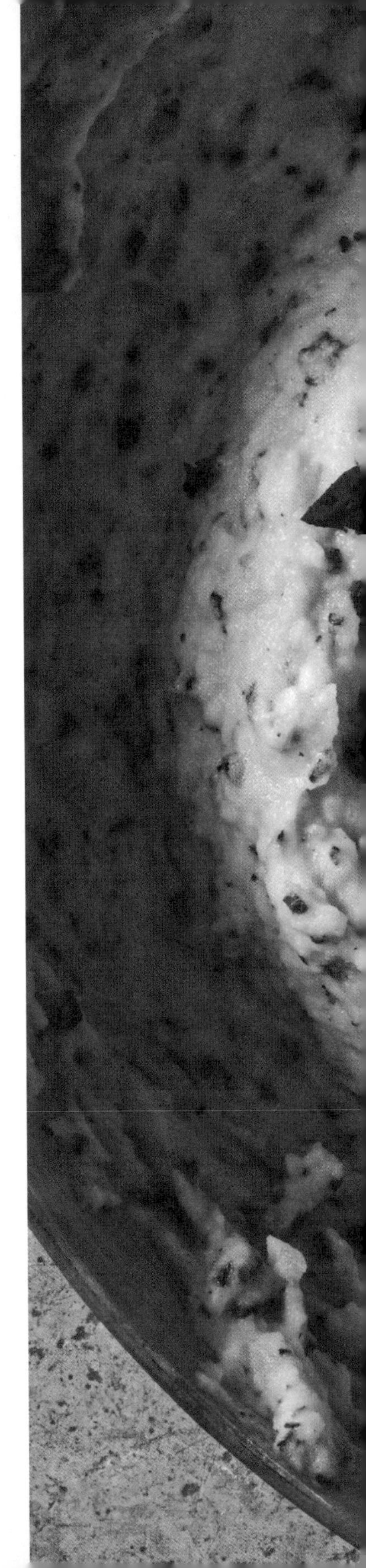

5 中西结合的松露烹饪

谭荣辉

三十多年前，我曾大量撰文，谈当时不断增长的一个趋势——东西方文化融合，在烹饪领域，这种趋势现在被普遍称为环太平洋地区烹饪或融合烹饪。它是一种烹饪风格，强调融合以前在亚洲或欧洲厨房中不曾碰撞或交融的食物、香料、调味品和技术。

以下这道三文鱼菜肴就是一个典型的例子。

在这里，我用米纸（一种非常亚洲的原料）来包裹三文鱼（一种非常欧式的鱼），并用新鲜的亚洲草本搭配西方草本给黑松露调味。它容易制作，而且会是一道令人愉快、能带来惊喜感的开胃菜，一定会给你的家人、朋友和客人留下深刻印象。

脆皮米纸裹三文鱼配松露

（8 人份）

900 克或 2 磅去骨、去皮的三文鱼片
100 克或 3½ 盎司新鲜冬季黑松露或优质罐装冬季黑松露（煮过一次）
1 包尺寸为 22 厘米或 8 英寸的干米纸
3 勺切碎的韭菜
3 勺特级初榨橄榄油
盐和现磨黑胡椒粉

- 将三文鱼切成 8 块，每块约为 7.5 厘米 ×7.5 厘米。
- 将每块三文鱼分成两半，涂抹盐和黑胡椒粉，然后将黑松露片放在两半中间。
- 如调味料还有剩余，将多出的调料均匀地撒在三文鱼片上。
- 在一个大碗中注入热水，并将一个米纸圆片浸入水中。只需要放置几秒，使其软化。
- 取出并在亚麻茶巾上沥干。
- 放一两片黑松露，然后放一块用盐和现磨黑胡椒粉调味过的三文鱼。
- 然后在三文鱼上撒上一些切碎的韭菜。

- 将一条边上翻折叠，然后折叠该边两侧。继续卷边折叠米纸，直至米纸完全包裹住三文鱼。
- 重复上述步骤。
- 取一个大煎锅，用大火加热，锅热后加入橄榄油。
- 油热后，将“三文鱼包”无缝面朝下煎炸约 3 分钟或直到它们呈金黄色。
- 将“三文鱼包”翻过来，继续煎至金黄色。
- 上盘。

* 如果能配上一个小色拉，这道菜会更完美。

这是一道适用于东西方料理的开胃菜。

这道菜品搭配高质量的黑松露罐头一起食用，呈现效果非常好。

如果你没有时间制作亚洲烤鸭，也可以用法式烤鸭代替。

这道美食非常美味，你甚至不需要蘸酱。

如果搭配简单的绿色色拉则更完美。

亚洲烤鸭松露春卷

（约30个）

25 克或 1 盎司粉丝
250 克或 9 盎司亚洲或法国烤鸭腿肉
225 克或 8 盎司香肠或猪肉糜
1 个小洋葱（切成细末）
50 克或 1¾ 盎司大蒜（粗略切碎）
28 克或 1 盎司大葱（切成细末）
盐和现磨黑胡椒粉
100 克或 3½ 盎司粗略切碎的优质罐装冬季黑松露（煮过一次）
6 克或 ¼ 盎司韭菜（切碎）
面粉
1 包薄米纸卷
400 毫升或 14 盎司植物油，最好是花生油

- 将粉丝在一大碗温水中浸泡 15 分钟。
- 当它们变软时，将温水倒掉，沥干粉丝。
- 将粉丝切剪成 7.5 厘米长。

- 把烤鸭腿上的肉剥下，得到约 250 克或 9 盎司鸭肉，粗略切碎。
- 将鸭子皮切成粗粒，在炒锅或煎锅中慢慢煎炸，至其酥脆。沥干后放在厨房纸上，让其彻底冷却。
- 倒掉大部分煎炸后留下的鸭油，留少量在炒锅中。
- 用剩余的鸭油煮猪肉糜，加入洋葱、大蒜、大葱去腥。
- 煮 10 分钟，然后用滤网沥干猪肉水分，让其冷却。
- 猪肉冷却后，将其放入一个大碗中，并加入粉丝、鸭肉、脆皮、盐、黑胡椒粉、松露和韭菜，搅拌制成馅料。
- 在一个小碗里，将少量的面粉与等量水混合，拌成糊状。

现在开始做春卷：

- 在一个大碗里装上温水，将其中一个米纸圆片浸入水中，让它变软。
- 取出来，放在亚麻巾上沥干。将大约两勺馅料放在软化的米纸包底部、中心偏边缘三分之一处。
- 把离你最近的面皮边缘往上翻，盖在馅料上。
- 把上翻部分边缘塞到馅料下面，裹住。将两侧面皮向里折叠，然后紧紧卷起。
- 用少量的糊状面粉混合物封住两端。
- 如此，制成长约 7.5 厘米的、有点像小香肠的春卷。
- 重复上述步骤程序，直到你用完所有的馅料。
- 在锅中加油加热。每次炸几个春卷，直到它们变成金黄色。
- 在开始炸的时候，它们容易相互粘连，因此，每次可只炸几个。
- 如果它们粘在一起，不要试图把它们分开。你可以在把它们从油中取出来后再这样做。
- 从油中夹出春卷，放在厨房纸上沥干。
- 立即上桌。

如果，在上一道菜品中，你希望自己完成亚洲烤鸭的制作，下面这个菜谱可供参考。

* 亚洲烤鸭

（6 人份）

6 只新鲜或冷冻的鸭腿（1.5 千克或 3¼ 磅）
50 克或 1¾ 盎司粗海盐
4×350 克或 12½ 盎司罐装鸭油或鹅油
8 个未去皮的完整大蒜瓣（轻轻压碎）
8 片新鲜生姜
6 个完整八角
3 个桂皮或桂枝
2 勺烤过的四川花椒

- 将鸭腿放在托盘上，在两面均匀地撒上盐。
- 用亚麻布盖住鸭肉，并在阴凉处或冰箱中保存一夜。
- 次日，擦掉鸭肉上的盐，并用亚麻布将鸭腿擦干。
- 在一个大锅中加入鸭油或鹅油，加热。
- 加入大蒜、姜、八角、桂皮和花椒。
- 加入鸭腿，用小火慢煮 1 小时。
- 使鸭腿浸在油中冷却，并将油覆盖在鸭子上冷藏。用油包裹住的烤鸭可以在冰箱中保存几个月。
- 到你准备烹饪鸭腿时，将烤箱预热到 180℃。
- 把鸭腿从油中捞出，放在盘子上烤 40 分钟，直到鸭腿表面酥脆。
- 将鸭腿从烤盘上取下，用厨房纸沥干。
- 立即上桌。

* 余下的鸭油或鹅油可用来炒土豆。

这道云吞汤的制作简单而快捷。

如果你使用素食汤的话，这道菜突出了新鲜松露在一道素食菜中不寻常的应用。

云吞皮可从超市获得。买新鲜或冷冻的云吞皮都是可以的，但如果是冷冻的，一定要彻底解冻。

松露云吞

（4人份）

75克或6盎司（约1小包）云吞皮
80克或2¾盎司新鲜冬季黑松露（切成片状）
盐和现磨黑胡椒粉
1个鸡蛋（打成蛋液）
1.2升或2品脱自制素汤或鸡汤
2勺新鲜韭菜（切成细末）
1勺新鲜香菜（切成细末）

- 在一张馄饨皮上刷一层蛋液。
- 加入2～3片新鲜松露，加入盐和黑胡椒粉以调味。
- 盖上另一张云吞皮，捏紧边缘，用手掌按压以密封云吞。
- 重复以上步骤，制作所有云吞。
- 在一个大锅中加热云吞汤底。
- 在另一个大锅里，加入一些盐并将盐水煮沸，放入云吞，煮1分钟或煮至云吞浮到水面上。
- 立即将它们取出，加入汤底锅里，继续煮2分钟。
- 加入韭菜末、香菜末，立即上桌。

蒸煮是中国菜中经常使用的烹饪方法。它使用温热的蒸汽来牵引出食物的味道。
这种微妙的技术对鹅肝和松露的呈现效果非常好。
这是个完美的食谱，适合制作美味、简易、令人一口难忘的头盘菜。

中式蒸鹅肝松露白菜

（4人份）

4块新鲜鹅肝（每块100克或3½盎司）
适量盐和现磨黑胡椒粉
4片大白菜叶
50克或1¾盎司切成薄片的新鲜冬季松露，或优质罐装冬季松露（煮过一次）

- 用盐和黑胡椒粉将每块鹅肝充分调味。
- 将大白菜叶在一锅盐水中焯几秒钟，然后捞出静置，彻底冷却。
- 将松露片放在每片大白菜叶的中心，然后放上一块鹅肝，再在鹅肝顶部放上几片松露片。
- 将每片菜叶卷起来，覆盖住鹅肝。
- 将鹅肝白菜放在一个盘子上，在沸水中蒸5～7分钟（这取决于鹅肝的厚度和大小）。
- 当鹅肝煮熟后，倒掉蒸煮后留在盘中的水，将每块鹅肝放到一个独立的盘子里，立即上桌。

这道菜受日本料理启发，用天妇罗方式烹饪松露，酥脆的花边面糊包裹着芳香的松露，会达到意想不到的效果。

在这道料理中，必须使用质量最上乘的新鲜松露，使煎炸天妇罗的热油油温和面糊温度保持恒定，并在煎炸后将天妇罗充分冷却。

面糊需要在最后时刻制作，因为面糊稍有搁置就无法达成效果。

你会发现这是一道美味优雅的头盘菜。

脆皮松露天妇罗

（4 人份）

100 克或 3½ 盎司新鲜冬季黑松露
400 毫升或 14 盎司花生油
面糊配方：
2 个蛋黄
500 毫升或 18 盎司冰水
300 克或 10½ 盎司面粉（过筛）
几块冰块
“盐之花”或粗海盐

- 将松露切成 5 毫米厚的圆片。
- 于锅中热油。
- 在每片松露上撒上面粉，抖掉多余的部分。

  现在分两批制作面糊。
- 首先，打一个蛋黄。
- 然后，加入一半的水（250 毫升或 9 盎司）。
- 最后，加入一半的面粉（150 克或 5¼ 盎司）。
- 搅拌，使其混合，并松散地结合在一起。

- 在面糊中加入几块冰块，以让面糊保持低温。
- 将松露浸入面糊中，然后把它们扔进热油。当松露变脆时，立即取出，并在厨房纸上充分沥干。
- 重复以上步骤，直到面糊用完。
- 用剩下的材料再做一批。
- 将成品摆放在温暖的盘子上，撒上“盐之花”或粗海盐，并立即上桌。

PEBEYRE

后记

就这本书的出版，皮埃尔-让·珀贝尔和我非常感谢已故的雅克·珀贝尔（Jacques Pébeyre）和莫妮克·珀贝尔（Monique Pébeyre）夫妇，他们从本书筹备开始就给予我们支持。我们写这本书的初衷，也是希望通过历史和食物来记录人们对松露的热爱，特别是他们二位对松露的热爱和执着。

在创作过程中，我们很幸运能获得谢恩·苏维卡帕科恩库尔（Shane Suvikapakornkul）的支持，他在得知我们的创作想法后，很快就帮助我们搭建起了这本书的框架。

感谢让-皮埃尔·加布里埃尔（Jean-Pierre Gabriel），书中收录了他所拍摄的精美照片，它们以生动的色彩诠释了松露的本质。

而就本书食谱部分的实践，如果没有巴贝·珀贝尔（Babé Pébeyre）和丹尼尔·托里纳（Daniel Taurines）的帮助，我们就会迷失方向。

就这本书中文版的出版，感谢何越（Yue He Parkinson），她对本书做了大量翻译工作，使中文版得以完美呈现。感谢刘香成，在出版过程中，实时监督进度，把控质量。感谢许菱娜（Linda Painan）和袁艺，以及上海外籍人士中心和上海交通大学出版社的不懈努力。正是他们的共同努力才让这本书得以在中国面世。感谢他们！

谭荣辉

2022 年 10 月于巴黎